Future
Perspectives
on
the
Design
of
Man-Machine
Systems

人と「機械」をつなぐデザイン

佐倉 統 編
Sakura Osamu

東京大学出版会

Future Perspectives on the Design of Man-Machine Systems
Osamu SAKURA, editor
University of Tokyo Press, 2015
ISBN 978-4-13-063359-8

はじめに：人と機械の関係とは

最良のシャッターチャンスを見はからって、自動的にシャッターを切ってくれるカメラがある。このような製品を目にすると、便利そうだという思いと、そこはかとない違和感がないまぜになって湧いてくる。「最良」って、誰にとっての、どういう基準での最良なのか？

あるいは、子供の名前を考えるスマホのアプリ。漢字の画数を入れると、「最良」の名前をいくつか提案してくれる。最終的にはその中から親が選択するのではあるが、しかしやはり、アプリが名付け親というのは、端的に言って、ぼくは嫌だ。しかしよくよく考えてみれば、参考書や手引き書と首っ引きで赤ちゃんの名前を考えるのと、どう違うのか、よくわからない。本を参考にするのは良くて、アプリはだめなのか？　だとすると、なぜ？

ことほどさように、ぼくたちの身の回りには機械があふれている。朝起きてから眠るまで、いや、寝ている間も、ぼくたちの生活は機械の上に成り立っている。機械と共にある。もはや人類は、機械なしでは生きていけない。さらに正確に言えば、検診だのなんだのと、生まれる前から機械のお世話になっている。

人間と機械が、現在どのような関係にあるのか？　これからどのような関係になっていくのか？　どういう関係になるのが人間にとって幸せなのか？――これらの問題はさまざまに議論はされているものの、確たるビジョンが得られるには至っていない。さまざまなビジョンはあるものの、それらが社会で共有されるものにまで成熟していない、と言った方が正確かもしれない。たとえば、インターネットやスマートフォンなどの情報機器が普及し、生活のあり方は大きく変わった。人間関係の変化を問題視する向きもあるし、知識を得る方法が安直になったと嘆く人もいる。プライバシーが損なわれたり、個人情報の流出など、新たな犯罪を助長しているという意見も聞かれる。一方で、今までにはできなかった表現やコミュニケーションが可能になったことを高く評価する見方もあるし、情報を一瞬にして大量にやりとりできる状況は、知識のあり方そのものを根底から変革する革命的な現象だという主張も見られる。

意見が多様であること自体は問題ではないし、むしろ多様性は健全さの源であるのだが、どういう方向に進んでいくかの見通しと、それについての大まかな対応策は、準備しておく必要があるだろう。そのための見取り図を得る、少なくともそのための足固めをするのが、本書の目的である。

人と機械の関係について、具体的な未来像を今すぐ明確にするのは無理だろう。しかし、ビジョンを社会で共有するための方向を描くことであれば、必要な情報を持ち寄って検討を重ねればできることだ。この本でぼくたちが試みたのは、その作業に他ならない。人と機械の未来がどのようなものになるのか、そのおおよそのイメージと、方向性を描くこと。そのために必要ないくつかの重要な概念を明示すること。

そんなことわからないのだから、成り行きに任せておけばいいじゃないか、いや、それしかないじゃないか、という向きもあるだろう。しかし、備えはしておくべきだと、ぼくは確信している。機械の発展は、社会だけでなく自分たちのことも大きく変革しつつある。潜在的に大きな力をもつものには、なんであれ、事前の準備が必要だ。その備えを怠ったことの悲劇を、福島第一原発事故で、ぼくたちは嫌というほど突きつけられたではないか。あの過ちを、繰り返してはいけない。

本書の母体となったのは、二〇一一年度—一三年度におこなわれた、オムロン・グループの人文社会系シンクタンク、ヒューマンルネッサンス研究所（ＨＲＩ）と、東京大学の学際的教育研究部局である大学院情報学環の佐倉研究室との共同研究《人と機械が理想的に調和する社会》である。ロボット学からメディア・アートまで、文化人類学から科学哲学まで、さまざまな領域の研究者が集まったこの研究プロジェクトでは、異分野間のブレイン・ストーミングと、人と機械の関係について特徴ある活動を展開しているサイトの実地見学とを二本の柱として、人と機械がどのような関係になることが人類にとって幸せなのかを考えてきた。本書はその成果であり、執筆者、座談会参加者、インタビューイーのほとんどはこの共同研究のメンバーである。執筆者の他にも研究参加者として刺激的な討論をして下さった、池田光穂、上田紀行、遠藤謙、荻本和彦、鬼頭秀一、國吉康夫、黒田佑次郎、島薗進、堀里子、松原洋子、野城智也の各氏、研究会の事務方としても主要メンバーとしてもプロジェクトを支えて下さった中間真一、近藤泰史、荒尾眞樹各氏に感謝する。本書の企画と編集は佐倉を中心として、中間真一、網盛一郎、澤田美奈子でおこなった。

用語について、確認しておこう。この本のタイトルには「機械」を使った。以下の本文でも、この単語を主として使う。同様の単語に「人工物」があるが、これは「機械」より広い範囲を指す。国家、法律、企業、教育、貨幣など、人類が発明してきたさまざまな制度や概念も含まれる。第2部の論考の一部には、組織や制度、規範などを議論の対象に含めているものがあり、そのような場合は「人工物」の方が適切である。ただ、書名としては「人と人工物の関係」より「人と機械の関係」の方がイメージがシャープなので、こちらを採用した。また、「道具」も類似の意味をもつ。これは特定の使途を目的として開発された人工物であり、多くの機械も当然そこに含まれるが、本書では開発時には意図しなかった関係性が生じたり、ときには機械に人間の側が従属したりといった状況も視野に入れて考察するので、「道具」だとカバーする概念の範囲が狭すぎる。以上のことから、本書では主として「機械」を用語として使い、ときに機械以外の「人工物」全体も考察の射程に入れつつ、主として「人と機械の関係」を論じる。

さて、この本は、内容も、形式も、きわめて雑多で多様なものとなった。共同研究のありようを反映してのことでもあるし、先にも述べたようにテーマ自体が多様なので、この雑多さは不可欠のことでもあったと思う。むしろ、人と機械の未来というテーマに真摯に真っ正面から向かい合った証であると、自画自賛もしたくなる。

しかし、読者にとっては読みにくいということに代わりはなく、この点については編集責任者としての力不足をおわび申し上げるしかない。それぞれの論考が異なるスタイルを取っているのは、内容などに応じての相応の理由があるのだということを、どうか御理解いただきたい。

最後に、本書の出版にあたって多大な御尽力をいただき、内容面でも建設的なアドバイスを多くいただいた、東京大学出版会の木村素明氏に、心からの感謝を述べたい。

二〇一四年一二月二〇日

佐倉　統

［目次］

目次

第1部

人と「機械」の行方

拠って立つ足場を固めること。その作業をおこなうのがこの第1部である。人間と機械の関係が、今どのような状況にあるのか。現状を、しかと見つめよう。

最初に、人と機械の関係の行方を考えるための枠組みを設定し、素材をいくつか提示する。水先案内人は暦本純一。機械によって人間の能力を増強することを日々考え、実践している魔術師的ビジョナリー。彼自身の研究事例を語ってもらい、どこを目指し、何を実現しようとしているのかを検討する。それにより、人と機械の関係の先端事例を概観し、外枠を定めることができるだろう。人と機械の関係を考えるためにどのようなアプローチが必要なのか、スケッチを描くことができるはずだ。

次に、新しい機械が人間にどのような影響を与えているのか、少し考えておこう。デジタル情報機器には中毒性もあり、大人もさることながら子供への悪影響を懸念する声は大きい。脳神経科学者の金井良太は自身の研究を中心に、人間の認知や社会性がコンピュータとインターネットによってどう変容しつつあるのか、多くの実証的研究を総覧して論じている。まだ研究の蓄積は十分ではないが、考慮すべき点は明確に示されている。

続いて、アーティスト・八谷和彦とノンフィクション作家・川端裕人との対談である。八谷はポストペットや自家用飛行機の製作といった活動によって、常に人と機械の関係を、それまでとは違った位相に置き続けてきた。川端は、自身の社会的実践や作家としての活動を踏まえつつ、ここでは八谷のような作業を俯瞰し、相対化することで、人間と機械の関係の今後への地図づくりを積極的に示唆する。話題は多岐にわたって展開するが、キーワードは「デザイン」であり、それによって得られる

「地図」である。未来への地図を描くための、刺激的で建設的なヒントが得られるはずだ。

枠組みが定まったところで、具体的な事例を考察する。義足である。義足は、人にもっとも近いところで、直接人と触れながら、人が失った機能を補償するための機械である。道具としての長い歴史をもち、社会の中にも一定の位置を占めている一方で、患者が使いこなせるようになるまでには一定の訓練が必要だ。そこに、義肢装具士や理学療法士といった、機械を使いこなすための支援をする人たちと患者との相互のやりとりが発生する。義足は、人と機械の関係を考える上で、格好のモデル系なのである。渡部麻衣子らによる参与観察レポートには、患者と媒介者が知識を確認し合いつつ、機械への適合を進めていく様子が描かれている。

続く座談会では、義足について、さまざまな角度から多角的に論じる。義足のデザインも手がけてきた工業デザイナーの山中俊治、義肢装具士でスポーツ義足の草分け的存在である臼井二美男、同じく義肢装具士の大野祐介、理学療法士の梅澤慎吾、それぞれが語る義足観、義足をめぐる社会観は、どれもが鋭く、重い。議論は義足の「美しさ」をめぐって展開し、患者の身体の一部としての義足への社会からの眼差しへと進んでいく。

では、まず、人と機械の関係の、めくるめく魔術的実践から御覧いただきたい。

（佐倉　統）

01 日常生活とテクノロジーの行方

暦本純一
聞き手＝網盛一郎、澤田美奈子

◇笑顔にならないと開かない冷蔵庫

——暦本先生は、「人がテクノロジーに触れたときに何が起きるか」を研究されていますが、人間がテクノロジーの産物である機械とどのように関わっていくのか、あるいはその先に人間と機械との調和はあるのか、そこについて先生のビジョンをお聞かせ下さい。未来社会というと何だかすごい機械が並んでいるイメージがあるんですが、「笑顔にならないと開かない冷蔵庫」(1)はそういうものと違って親しみやすくて面白いですね。どのようなコンセプトなのでしょうか。

暦本　ひとことで言うと、笑顔を促進することによって人の感情をポジティブにしようというシステムです。高齢化社会が進むと独居老人が増えますし、単身で暮らしている人も多いですよね。そういう人たちは家で他人とそれほど接しないので、あまり表情に変化が出なくなるのではないかと思いました。そこで、そういう人たちを「ハッピー」にするにはどうしたらいいかと考えて作ったのが、「ハピネスカウンター」というインターフェースです。ハピネスカウンターは日常生活の中で笑顔になっているかどうかを自分自身が意識（アウェア）する機会を持つためのインターフェースで、カメラの前でニコッとすると音やスマイルアイコンによるフィードバックを利用者に与えたり、撮影した笑顔写真をウェブ上で家族や友人と共有したり、Twitter に「今日は笑顔です」って投稿したりするものです。

さらにもう少し踏み込んで「笑うことをチャレンジにする」のは面白いのではないかと思い、ハピネスカウンターを応用して作ったのが「笑顔にならないと開かない冷蔵庫」です。冷蔵庫の扉に電磁ロックがついていて、笑わないと開かなくなっています。つまり、にっこりしないと生きていけないというシステムです。毎日、半強制的にでもにっこりしましょうということですね。ちょっと強引な気がするかもしれませんが、実際にフィールドテストで、その冷蔵庫を設置して一〇日後ぐらいになると、七〇歳ぐらいの方が、みるからに幸せそうな笑顔で笑えるようになりました。被験者は「ゲームみたいだ」と言っています。ハピネスカウンターは、プラグマティズムの哲学者ウィリアム・ジェイムズの言説にある「人は幸福であるがゆえに笑うのではなく、笑うがゆえに幸福である」という考え方に基づいています。(2) この考え方にはいまだに議論がありますが、その考え方をサポートする実験結果が最近になって多くでてきています。(3) 身体行為が感情に影響を与える現象がいろいろと研究され

図１　笑わないと開かない冷蔵庫（SONY CSLのウェブサイトから）
出典：http://www.sonycsl.co.jp/research-gallery/happiness-counter.html

てきており、「身体心理学」と総称される学問分野にまでなっています。表情だけを人工的に作って幸せかどうかを判別することにはまだ課題があると思いますが、笑うという行為そのものが自分へのフィードバックになっていて、笑えたらやっぱりうれしいと感じるのではないかと思ったのです。そこであえて「笑わないと〜できない」という不便さをデザインすることで人に充実感や達成感を与えるような仕掛けを作ってきています。

◇ヘルスケアのゴールは人の体を動かすこと＝不便のインターフェース

――以前、先生は「不便とか利便性に対してどう立ち向かうか？」が大事だとおっしゃっていました。

暦本　ヒューマン・コンピュータインタラクションやユーザーインターフェースは、普通は効率的であることがいいとされています。例えば、素早く入力できる、間違いなく入力できる、操作が省略できるとかです。でもヘルスケアやエクササイズのようなものを考えると、結局その人が実際に何かをする必要がある。エクササイズの重要なポイントは自分の身体を動かすことですよね。テクノロジーが指向してきた効率化や利便性の向上という目的は、結局ますます自分が動かなくなるという点でヘルスケアとは真逆の方向です。だから、利便性や効率性というものを目的としない産業・サービス・機械がヘルスケアのような領域には求められていくのではないか、と考えたわけです。

冷蔵庫の場合、やっぱり自分で気分を高めないとその前でにっこりしにくい。つまり身体だけじゃなく情動も含めたエクササイズだということです。アナウンサーは顔の表情筋だけを動かして笑うことができるそうですが、一般の人は笑ってくださいと言われると最初はとまどいますよね。笑うときは、やっぱり顔だけを動かすのではなくて、アクションを入れたり、声を出したりすることで、自然にポジティブな気持ちにもなります。「自分は今、笑っているんだ」ということを意識するだけでも効果があって、しかもそれがその人にとってのチャレンジになり、「できたらうれしい」みたいな快感につながっていくとも考えています。

――まだ「不便」についてピンとこないのですが……。

暦本　不便とチャレンジに関係する大きな領域があります。それはゲームです。ゲームはわざわざ面倒な問題を解こうとしますよね。もしコンピュータが自動的に問題を解いてくれて、プレイヤーはそれを見ているだけというゲームがあったらつまらない。「便利なゲーム」は概念的に存在しえないものです。つまり、ゲームにはある種の「チャレンジ」があらかじめデザインされている必要があるわけです。チャレンジすることで「最初はできなかったものが何回かしたらできるようになってうれしい」とか、ゲームを進めるうちに問題がだんだん難しくなると「難しい問題を解いて人に自慢できる」とか、そういったチャレンジを達成する喜びみたいなものが「不便のインターフェース」だと思うのです。だから単純に不便を作っているというよりは、不便の先に達成したときの充足感のような快感が巧みにデザインされていなければならないというわけです。

◇表情は「人間のディスプレイ」

――「不便のインターフェース」は、私たちの日常生活の中にあるということですね。いろいろ応用できそうですね。

暦本　今、冷蔵庫のような家電だけじゃなくて、会議の活性化を目的として、会議のための測定装置の研究を始めています。会議参加者がどういう表情をしているのかをトラッキングすることで「その会議がどのぐらい有意義であったかを測定する」といった構想です。全員がムスッとしていたら良くないとか、偉い人がムスッとしているとみんなその人の表情に影響されて議論が低調になるから、偉い人こそあえて笑顔を作らなきゃいけないとか、会議にはそういう法則のようなものが存在すると思っています。そこでまず会議を測定する手立てを作り、次にそれをフィードバックさせることによって会議を良くしようと試みました。例えば「いいよ」アイデアが出たらみんなニコッと笑って、そうしたら自動的に電気がパッとついて、「みんなが笑っている」ことを全員でシェアできるようなシステムです。

——でも、他人の笑顔を認識するだけなら、相手の顔を見ればできそうですけど。

暦本　表情というのは他人にとっての非常に重要な「ディスプレイ（表示装置）」です。でも、自分には自分の表情が見えない、つまり人の表情は外向きに一方向的なディスプレイなわけです。自分の笑顔に対して相手が笑い返したら初めてコミュニケーションが成立するわけですから。ポイントは他人の笑顔を見ることだけではなく、自分の笑顔を意識することなわけです。

ではもしテクノロジーを使って自分の表情を自分にフィードバックしたらどうでしょう。きっと表情に対して自分の感覚が変わりますよね。

そういう意味では、自分の身体そのものもが単純に自分のものかというと、そうではない領域が結構あるのだとわかります。例えばスポーツがそうですね。自分のフォームって、実はまったく自分のものではない。自分のものではないからあんなに練習で苦労するわけです。ゴルフのスイングなど「なんでこんなに自分で自分を制御できないのか」と思いますよね。あるいは、最初にスキーを履いたときだって「なんだ？　この長いものは」みたいに思いませんでしたか。そういうふうに、自分が自分でないという違和感からスポーツが始まるわけですけれども、それをテクノロジーで「外から見る」という視点を作ると、それが自分の身体と自分の認識の一体感の構築につながるのではないかと考えているわけです。

つまり、自分を外部から見るというのは表情にかぎらずいろいろ可能性があると思います。私のところではヘリコプターにカメラをつけてスポーツプレイヤーを追いかけたり、水中ロボットがスイマーを追いかけて泳いでいるフォームを撮影したり、といった人を外部から見る「体外離脱視点」の研究も進めています。ジョギングをしていると、前を走っている人のフォームや足の蹴り上げ方が気になったりしますよね。でも、自分はどうかというと実はよくわからない。そんな場面でも、体外離脱視点の提供は有効だと思っています。

また、姿勢が良くなっているかどうかを確認するシステムも欲しいんです。これって実用化するのは意外と難しいんです。もちろんセンサーを沢山つければできますが、それでは日常的に使う立場としては受け入れられません。心拍数や歩数は身体のどこか一カ所につけていれば測定できますが、姿勢というのは結構難しい問題です。

現状の心拍数計や歩数計は「テクノロジーでやれる範囲のものを売り出しています」という感じがしていて、「本当に欲しいのはもっと違うかも」という気もするんですよね。私は結局、不便か便利かよりも、チャレンジを達成したときに「できた」という達成感や満足感、充足感とかを作りたいわけです。それを人と機械のインターフェースとして作りたい。そういうものが社会を豊かにしていくという信念を持っています。

◇人がやること、機械がやること

――「利便性」よりも「達成感・満足感・充足感」が動機のインターフェース、みたいなことでしょうか。

暦本　利便性というのは面倒なことを機械にやらせることですが、逆に人がやったほうがうれしい領域というのも当然ありますよね。例えば自動車でも、完全にオートマチックなロボットが自動運転してくれれば楽でしょうけど、自分で運転する楽しみだってある。それは両方ともあるのでどっちかが重要ということではないんですが、今までのインターフェースってどちらかというと利便性のほうに重点が置かれていたというのが私の印象です。

これに関する非常に面白い例として、「面倒くさい」ことと機械にやってほしいこととが必ずしも一致しないということもあります。例えば介護です。ロボットに完全に任せるのではなくて、結局は人がパワーアシストという機械に補助してもらいながらやっています。やっぱり人にはどこか「機械には任せられない」という意識があるのではないかと思うんです。でも生身の自分がするのは大変だからハイブリッドなインターフェースが重要になる。

料理も面倒くさいのに機械に任せませんよね。今はだいたいのものは売っているので、面倒くさいという人は買ってくればいい。でも料理が趣味になると、複雑な模型のようにどんどん手の込んだ

「面倒な料理」を作るようになります。一方、そもそも料理は面倒だから作りたくない人もいる。料理ひとつにしても人によって立場が違っていて、単純に全自動料理機がいいかというと、そうはならないし、全自動料理機なら、結局ネット注文の宅配でも変わらないですよね。

今、フードプリンターといって、何でも材料をプリントしてくれる３Ｄプリンターの料理版みたいなものが大変に注目されています。(4) でもそれが、コンビニで買ってくるのと実はそんなに変わらないものだったら面白くないという気もするんです。

結局、家で料理する最大の理由は、心の充足感ではないでしょうか。たとえコンビニで同じ食べ物が手に入るとしても、やっぱり自分で作りたくなるとか、食べたときのおいしい、まずいといった要素が人にとって意味があると思っています。料理のインターフェースがどうあるべきかということは、研究室でも議論しているところです。

◇テクノロジーは人の能力を衰えさせるのか、拡張するのか？

――不便のインターフェースともつながると思うんですが、「機械が全部やってしまうとダメだ」という考え方が根強くあります。テクノロジーの進歩が新たな問題をもたらす、ということはないんでしょうか。

暦本　よく「コンピュータがすごく便利になると、それを使う人の能力が衰えるのではないか」と質問されます。それに対するいい答えを持っているわけではないのですが、あらゆるテクノロジーには元来そういうメリットゆえのデメリットがありますよね。例えば移動技術は脚力を減退させるとか。

この質問をされたときにいつも思い出すのがソクラテスとプラトンのエピソードです。ソクラテスは文字が嫌いでしたよね。ソクラテスにとって、思索や議論をしているものを文字で記録したらそこで覚えることを放棄してしまうから人間の本当の思考にはならない、と。ソクラテスは、文字が人の能力を衰えさせるテクノロジーだと思ったわけです。でも、そんなソクラテスの話をなぜ私たちが知っているかというと、それはプラトンが文字で記録していたからです（笑）。

自動車やコンピュータなど、あらゆるテクノロジーは人の能力をある面では衰えさせているのでしょうが、文字が思考を衰えさせる一方でその思考を記録してくれていたように、テクノロジーが人の能力を高めることもありえるので、その可能性は模索したいと考えています。

最近、ＭＩＴの学生の発明で、手首を少しだけ温めて体温を調節するデバイス（Wristify）がありました[(5)]。局所的に手首だけ温めたり冷ましたりすると全身がそれを感じて体温が変化するという発想です。最初から建物全体の温度を調整する必要がなくなったとしたら、それはすごい省エネ技術ですよね。この技術の面白いところは、あくまでテクノロジーはきっかけにすぎなくて、人が持っている本来の特性を活かしているという点です。ハピネスカウンターもそうですが、テクノロジーはきっかけであって、実際に働いているのはほとんど人自身ということもありえます。人にはいまだ多くの未踏の領域があって、人本来の可能性をもっと探究することがまだまだ必要だと思います。人の特性はすべて判明したという前提でテクノロジーを作るのは、時期尚早だと思いますよ。

私は人間の拡張というのに非常に興味を持っていて、それを「オーグメンティッド・ヒューマン（AH）」と呼んでいます。テクノロジーで人自身を進化、強化、拡張、あるいは再設計するものです。知力の拡張、身体の拡張、あるいは健康という身体システムの拡張もあります。このテーマはかなり昔から議論されていて、例えばマーシャル・マクルーハンの有名な『メディア論（*Understanding Media*）』は、副題が「人間の拡張の諸相（The Extensions of Man）」で、メディアは人の拡張であるという基礎的な考え方を主張しているわけですね。[(6)] マクルーハンの非常に先駆的なところは、メディアをコミュニケーションやインタラクションの手段というよりも、第一義的には人間のエクステンション＝拡張だととらえたところだと思います。また入力装置のマウスやＧＵＩ（グラフィカルユーザーインタフェース）の発明者として名高いダグラス・エンゲルバートも、「マウスは人間の知力拡張をサポートするための一要素にすぎない」といっています。[(7)] 人間拡張というとサイボーグのような概念につながりますが、よく『鉄腕アトム』に憧れてロボット研究の世界に入ったという人がいるそうですけど、実は私は個人的には子どもの頃『サイボーグ００９』が大好きでした。この両作品には、ロボットのように人間と相対する対話的なあるいは自律的なテクノロジー（『鉄腕アトム』）を究極とするか、あるいは人間と一体化して拡張していくテクノロジー（『サイボーグ００９』）を究極とするか、という二つの対照的な考え方が存在します。ただそれは同時に重なる点も多いと思います。例えば完全自律的なロボットではなく、人間の代理として動くロボットであったり、あるいは電子義足のようにロボティクスのテクノロジーを基礎として人間にインテグレイトされたサイボーグのようなものだったりといったようにです。

身近な例としては、携帯電話は手の延長、「オーグメンティッド・リアリティ（AR）」は目の延長とか言われますが、これもテクノロジーによる人の拡張です。

野球の卓越したバッターがすごく調子がいいときにどこまでが手でどこからがバットか区別できないといった感覚、つまりは「人馬一体」のようにどこまでが人でどこからが馬なのかがわからないのがテクノロジーのひとつの究極の姿ではないかと思っています。

◇「人馬一体」のテクノロジーとは？

――人馬一体と言えば、以前、「先生にとってサイボーグ化というのは、どういったものですか？」と質問したときに、「機械が一緒に人体に埋め込みになるというよりは、どっちかといえば人間の感覚として機械と一体になる感じを持つこと」と言われていたことが非常に印象的でした。

暦本　先ほどのエンゲルバートが発明したマウスで言えば、マウスパッド上の動きがディスプレイ上のカーソルに反映されているという一体感があります。マウスはもちろん大変な発明ですが、そのマウスより概念的に面白いのがカーソルではないかと思うのです。つまり、カーソルは画面上にありますけど、でもこれは身体の一部ではないかと思うんです。カーソル自体はどこにもつながっていないし、座標系もずれているけど、マウスを使っていると完全に自分の指の延長であるかのように感じます。一体感というのは、そのような「透明なフィードバック」が存在することであり、まるでそこには何もないような感覚のことです。

「二〇〇ミリ秒（〇・二秒）の壁」とよく言われていて、二〇〇ミリ秒以上ずれると、一体感はもう失われてしまいます。アクションを起こしてフィードバックが返ってくるのに二〇〇ミリ秒以上あると、それは自分とは別のものになってしまうのです。例えば、非常に有名な「くすぐり実験」というものがあります。(8) 自分で自分をくすぐっても、くすぐったくはないですよね。ところが、この動きを二〇〇ミリ秒以上ずらすと、くすぐったいと感じるんです。実験は、自分の動きに同期することができるロボットを使い、自分の指を動かすと同期したロボットが自分の手の平をくすぐります。そのままだとくすぐったくないのですが、この同期を二〇〇ミリ秒だけ遅らせると、くすぐったいと感じるようになる、というものです。

つまり、いいインターフェースというのは、機械が人と直接つながったり、埋め込まれたりするような構造的な一体感だけではなくて、カーソルがまるで自分の指の延長として違和感なく動いていると感じられるような機能的な一体感だけなのではというのが最近、考えていることです。

——最近、取り組まれている、「仮想力覚提示デバイス」(9) というのは、そういうことに関連する新しいインターフェースですか。

暦本　あれは、人間の知覚機構の特性を利用して「振動を力として感じられる」というデバイスの研究です。携帯電話のバイブレーションのように、機械がただ振動しているだけなんです。ところが、ある特殊な振動パターンを与えると、機械が指をグーッと引っ張る……ように感じるのです。実際そのような力は発生していないので、人のほうが勝手に、ある種の錯覚として力を感じます。言葉で説明するのは難しいですね（笑）。

ちょうど、糸でグーッと引っ張られているような感じなのです。だから、手を放すとポーンと飛んでいってしまう感じがするのですが、実際に力が働いているのではなくて、人が勝手に「引っ張られている」と知覚するだけなんです。つまり、完全な幻覚です。でも、幻覚にしては相当にリアルで、そういう人間の感覚と機械との一体感は関連しているかもしれないと考えています。

ヒューマンインターフェースというのは、結局簡単に言うと人とテクノロジーの関係を探究する研究分野ですが、研究を進めていくうちにだんだんわかってくるのは、テクノロジーより人のほうが圧倒的に複雑でわからないということですね。触覚の幻覚で力を感じるのは、テクノロジーからすると少しイレギュラーに振動しているだけなので、技術としては特別なことはないのですが、人間の知覚機構の特性を刺激すると、その少しイレギュラーな振動が「引っ張られている」という感覚になるわけです。複雑さや不思議さは、機械ではなくて人のほうに潜んでいる。そういうことを少しずつでも取り出して役立たせたいというのが、ヒューマンインターフェースの本質ではないかと思います。

僕の中で関心があるのは、やっぱり一体感や透明性、延長とかそういうことですよね。『鉄腕アトム』のような自律型ロボットや機械が人間の存在を追い越す、といった感覚よりも、『サイボーグ0

図２　仮想力覚提示デバイス Traxion

09』のような人間自身を発展させるテクノロジーに魅力を感じます。いわば単純な道具みたいなものです。例えば道具としての「ナイフ」ひとつとっても一体感が得られますよね。ナイフを使って料理をするとき、ナイフの握りの部分が気になるようであれば、インターフェースとしてはまだ不完全なわけです。すぐれたナイフなら、そういった余計な部分ではなく、切っている対象に意識を集中できるはずです。意識がインターフェースにではなく、切っている刃の先に拡張しているわけです。情報技術との関係も結局は同じだと思います。機械は機械であるからこそ面白い。なまじ、人間っぽい機械である必要はない。本当にいい道具はその存在自体が意識から消え、意識を拡張させる。それが一体感であり、僕の考える人と機械の理想的な関係です。

注

（1）Tsujita, H. & Rekimoto, J. (2011) "Happiness Counter: Smile-encouraging appliance to increase positive mood," *Proceedings of the 2011 annual conference extended abstracts on Human factors in computing systems (CHI '11)*, 117-126.
（2）William, J. (1890) *The Principles of Psychology Vol. 2.* MACMILAN AND CO.〔福来友吉訳『心理學精義』同文館、一九〇〇年、松浦孝作訳『心理學の根本問題　現代思想新書6』三笠書房、一九四〇年〕
（3）Kleinke, C.L., Peterson, T.R. & Rutledge, T.R. (1998) "Effects of self-generated facial expressions on mood," *Journal of Personality and Social Psychology*, 74, 272-279.
（4）本書09参照。

（5）マサチューセッツ工科大学（MIT）の学生四人が開発した、腕につけておくだけで外の温度を計測して体温を自動で快適な温度に調節してくれる装置。この装置は人間の肌を刺激すると体温がすぐに変化し、その変化が体全体に及ぶという原理を用いて、空気と肌表面温度をモニターし、信号を手首に送って体温を快適な温度に保つことができる。http://wristifyme.com/

（6）McLuhan, M. (1964) *Understanding media: The extensions of man.* McGraw-Hill.〔栗原裕／河本仲聖訳『メディア論：人間の拡張の諸相』みすず書房、一九八七年〕

（7）Bardini, T. (2000) *Bootstrapping: Douglas Engelbart, coevolution, and the origins of personal computing.* Stanford University Press.

（8）Lawrence Weiskrantz, W., Elliott, J. & Darlington, C. (1971) "Preliminary observations on tickling oneself," *Nature,* 230, 598–599.

（9）Rekimoto,J. (2013) "Traxion: A tactile interaction device with virtual force sensation," In *Proceedings of the 26th Annual ACM Symposium on User Interface Software and Technology,* 427–432.

02 コンピュータと脳の関係の行方

金井良太

◇インターネットは人間を変えるか

インターネットの出現により、私たちの社会環境が大きく変化したと感じている人は多いのではないだろうか。あまりに日常生活に浸透しているために、すでに実感は薄いかもしれないが、ネットの出現は人類史上まれに見る技術革命である。歴史上、人間の創りだしたテクノロジーが、人間自身の生活の様相を根本的に変えてしまうことは度々あった。文字の発明や、グーテンベルクの活版印刷技術の発明、イギリスでの産業革命などがそれである。インターネットが私たちの社会へもたらした影響は、それらに比類するかそれ以上の社会的変革を生み出している。そして、もはやネットのなかった時代に世界が逆戻りすることはない。

インターネットがすでに社会生活の一部として定着した現代社会で、私たちは膨大な情報に常にアクセスできる状況に身を置きながら、気になったことがあればグーグルで検索することで無尽蔵に掘り下げて知ることができる。むしろ、読みきれない情報を常に浴びせかけられるかのような情報過多な環境で生活するようになっている。また、ネットは双方向型コミュニケーションのメディアとして発展を遂げ、Twitter や Facebook のようなソーシャルメディアもまた私たちの生活の一部となりつつある。知人や友人を介したソーシャルなチャンネルからも、遠くにいる友人がどこのレストランで何を食べたのかまでわかってしまうような、新しいタイプの情報の洪水に私たちは身を置くようになった。

このように人間を取り巻く情報環境が変化したことで、人間の脳もこの環境に対応するように変化してきているのではないだろうか。特に、インターネットと日常的に繋がった状態で育っている、今の子供たちや若者たちは、脳の発育段階から情報過多なネット環境で生活してきている。言うまでもないが、子供の脳は非常に柔軟で、新しい環境にすばやく適応することができる。小学生ぐらいの年齢なら、外国にいけば、真面目に勉強している大人よりも、あっというまに現地の言葉を覚えてしまう。同じように、子供の時からネットのある世界に生きていれば、それが母国語のようにすんなりとインターネットのある世界を自由に動き回ることができるようになるかもしれない。子供の時からインターネットが定着した社会で育った世代は、ネット世代（Net Generation）、または「デジタル・ネイティブ」と呼ばれている（ドン・タプスコット『デジタル・ネイティブが世界を変える』栗原潔訳、翔泳社、二〇〇九年）。

このネット世代に属する人たちは、これまでの世代とは異なる認知スタイルがあるのではないかと考えられている。特に、生後の発達段階において、すでにインターネットが社会に定着した情報環境で育った場合には、子供が言語を習得し基礎的な知識を身につける時点ですでに、ネットの環境に触れていることから、脳の発達にも大きな影響があることは十分に考えられる。

◇脳は環境によって変化する

脳の発達の度合いや環境から受ける影響は、脳のMRI画像を解析することで観察することができる。MRIの画像では、神経細胞などの微細な構造を見ることはできないが、MRIで測定できる脳の部位ごとの体積などの巨視的な構造の違いに、個人の認知能力や社会性の能力の違いが反映されていることがわかってきている（Kanai & Rees, 2011）。特にVBM（Voxel-based morphometry）解析と呼ばれるMRI画像の解析手法を用いることで、注意力や記憶力のような認知機能、共感などの社会性、また政治的指向性や倫理観といった主観的な価値観など、非常に多岐にわたる個人の特徴が脳構造と対応していることが示されてきた。

個人の脳構造の特徴は、遺伝子によって生まれつきに決まっている部分もあるが、環境の違いやトレーニングの効果によってもMRI画像で確認できるほどの脳構造の大きな変化が生じることが明らかになっている。良く知られた例としては、一カ月の間、ジャグリングの練習をし続けると、hMT

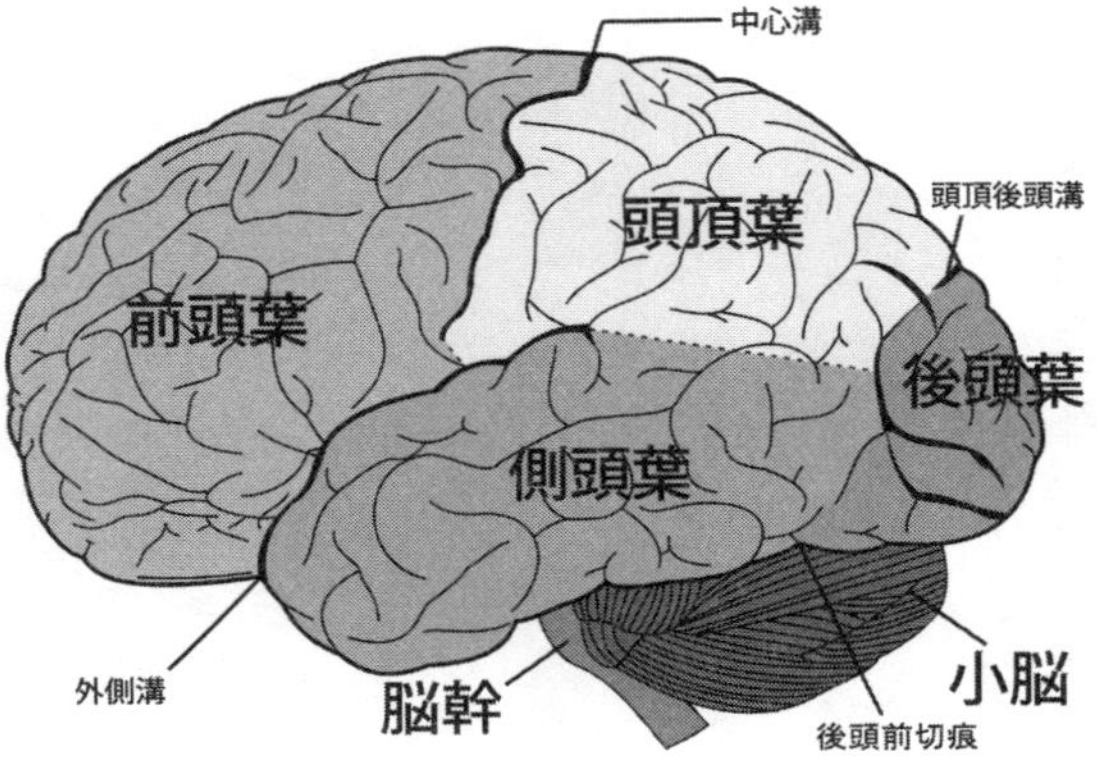

図1　側面から見たヒトの脳の構造（『グレイの解剖学』から引用）
出典：http://upload.wikimedia.org/wikipedia/commons/thomb/b/b5/Brain_diagram_ja.svg/1280px-Brain_diagram_ja.svg.png

領野と呼ばれる物体の運動を捉える大脳皮質の灰白質の量が増加する（Draganski et al., 2004）。視覚情報を運動情報へと変換する神経経路の繊維もまた同様のトレーニングにより発達する（Scholz et al., 2009）。

環境が脳へ与える影響のもう一つの有名な例として、ロンドンのタクシー運転手の話が知られている。ロンドンでタクシー運転手として働くためには、何年間もトレーニングを受け、道の一本一本まで記憶しなければならない。そのようなタクシーの運転という職業的環境によっても、空間ナビゲーションや記憶と関係の深い海馬と呼ばれる部位が大きく発達することが知られている（Maguire et al., 2006）。

これらの事例から、環境が脳構造に変化をもたらす可能性は十分に予測され、現代のネット環境にどっぷり浸かった生活をしていると、脳の構造に何らかの変化が生じたとしてもおかしくはない。

特にインターネットの出現という人類史上でも大

きな情報環境の変化は興味深い。この時こそ人間自身がいかに自ら生み出した生活環境に適応していくのかを観察する絶好の機会である。これまでに人間が創りだしたテクノロジーが、脳に影響を与えている例として「読み書き」と対比してみるとわかりやすい。一般的に「読み書き」が世界的に普及したのは、ここ数百年のできごとである。数万年（短く見積もっても数千年）というスケールで起きている脳の生物学的進化と比べて極めて最近のできごとである。だから、人間には生まれつき「読み書き」に特化した脳の部位というのは備わっていない。教育を受けなければ「読み書き」に必要な脳の部位ができてこないのである。最近の研究で明らかになったのだが、「読み書き」を習得することで、紡錘回《ぼうすいかい》と呼ばれる大脳皮質の部位が文字列に反応するようになることが発見された（Dehaene et al., 2010）。この紡錘回という部位は、もともとは顔や形などの視覚処理に使われている部位だが、人間が生み出した「読み書き」という文化環境に適応することで、新たな機能を獲得したのである。つまり、教育を受けた人には共通して見つかるこの「読み書き」に関わる脳部位は、「読み書き」が普及する以前の人類では違う目的に使われていたということを示している。

「読み書き」と比べると、インターネットのもたらした生活の変化は漠然としている。ネットの環境で生まれ育ったデジタル・ネイティブの世代では、いったいどのような脳の機能に変化が起きているのだろうか。

◇ネットで頭が良くなるか

インターネットが脳に与える影響は、論者によってポジティブにもネガティブにも捉えられている。インターネットは集中力の低下や物事をじっくり考える能力を損なっているのではないかというネガティブな影響を危惧する意見もある反面、現在の情報環境への適応の結果、情報の選別能力や複数の作業を同時にこなす能力などが発達していると主張する人もいる。

オックスフォード大学の神経科学者であるスーザン・グリーンフィールドは、子供たちが、Facebookのようなソーシャルメディアを使い続けていると、集中して物事をじっくり考える能力が損なわれ、他者とのコミュニケーションに必要な共感力などが育たなくなると警鐘を鳴らしている。私たちが新しい情報環境で暮らすようになったことで、その影響が計り知れず、心配すること自体は良いのだが、実はこのような憶測が正しいかどうかを確かめる研究はほとんど行われていない。あくまで、現時点では印象に基づく憶測にすぎないのだが、子供たちが本当にソーシャルメディアのせいで、集中力や社会性を失っているのかという問題は、子供を持つ親にとっては気になる問題だろう。

一方、ニューヨーク大学のクレイ・シャーキーなどは、インターネットの出現によって人間はより協力しあうためのツールを手にいれ、より創造的な活動に取り組むことができるようになったとそのポジティブな側面に注目している。またＭＯＯＣ（Massive Open Online Course）といって世界中の人がネットで授業を受講できるような制度が増えてきている。高等教育に世界中の誰もがアクセスできるようになることは、社会に大きな恩恵をもたらしている。

しかしながら、ポジティブな意見もネガティブな意見も現時点では未検証の仮説であって、主観的な印象と状況分析に基づいて議論されているにすぎない。それだけではソーシャルメディアが共感する能力を子供たちから本当に奪っているのかはわからないし、間違った先入観でしかないかもしれない。

情報革命の影響は、検索やコミュニケーションやエンターテイメントなどと多岐にわたるため、一概にインターネットのどのような側面が人間に影響を与えているかを特定するのは難しい。また、人によってもネットへのアクセスの仕方や利用目的が違うだろうから、脳機能への影響の仕方も違ってくるはずだ。インターネットの影響は多面的であるが、ここではもっとも関心の高い「集中力」と「社会性」への影響を中心に、現在の研究状況を紹介したい。

◇日常的なマルチタスクの影響

現代の大部分の人は、仕事でコンピュータを使っているだろう。コンピュータ上で仕事をしている人は、複数のウェブサイトを開いて、複数のアプリケーションを同時に立ちあげているのではないだろうか。関心のある複数のことを同時に処理しようとすることを「マルチタスク」という。聖徳太子の伝説のように複数の話を同時に理解することや、複数の課題を同時に片づけることができたら、さぞ効率が良さそうだ。しかし、心理学の実験から、複数のタスクを同時に遂行するには認知的コストがかかり、別々に処理するよりも効率が落ち、精神的にも疲れてしまうということがわかっている。集中力を必要とする仕事を遂行しようとしている時に、関係のないTwitterのタイムラインに気を取られたり、YouTubeの音楽や映像にいつの間にか熱中したりしていると、作業の能率が非常に悪く、時間ばかり経ってしまうことがよくある。また、細切れの情報を多方面から受けとっている環境に慣れてしまうと、一つのことに長時間集中して取り組むのが難しくなってしまうようにも思える。さらに、スマートフォンの普及により、マルチタスクの状況は更に多重化し、友だちと話している時や、歩いている時なども、ネットと繋がりっぱなしの状況が日常となっている。ネット以前にも、テレビを見ながら宿題をするようなマルチタスクの状況はあっただろうが、現代ではその度合いが圧倒的に長時間になっている。

アメリカで行われた調査では、学生が勉強中にどの程度ソーシャルメディアなどに気を取られているかを調べた研究がある（Rosen et al., 2013）。その研究では驚くべきことに、学生たちは五分程度に一度は、ネットのいろいろなメディアからのメッセージに応答して、勉強から気をそらされているのである。Facebookを勉強中に開いている学生たちは、成績も実際に悪いということが示されている。スーザン・グリーンフィールドの危惧していたことも、あながち間違っていないようである。

頻繁にスマートフォンなどによって注意をそらされてしまうことは、読者の中にも実感できる方がいるのではないだろうか。スマートフォンを介して常にネットと接続した社会で、注意散漫な生活をしていると、脳の機能にも影響がでてくるのだろうか。毎日マルチタスクを行っていることで、マルチタスクに関わる脳の部位が鍛えられて、軽々と複数のことをこなすことができるようになるのだろうか。あるいは、いっそうマルチタスクの状況にはまりやすくなり中毒化していくのだろうか。現時点で、この問いに対する決定的な答えは出ていない。しかし、現在、心理実験やＭＲＩを用いた研究が始まってきている。

スタンフォード大学のアンソニー・ワグナーのグループの研究では、ネット上のメディアを介してマルチタスクを日常的に行っている人たちは、注意をそらす刺激に気を取られやすく、注意力や作業記憶（ワーキングメモリ）の能力が低いということが報告されている（Ophir et al., 2009）。つまり、ウェブ環境でのマルチタスクを行うことで人間はそこに適応することはできないようである。むしろマルチタスクの能力が低いのだから、もともと注意散漫な人がマルチタスクを日常的に行いやすいということを示しているだけかもしれない。「鶏が先か卵が先か」の因果関係については明らかになっておらず、集中力をもともと欠いた人たちが、ネット環境でマルチタスクの状況に陥りやすいのか、ネット環境におけるマルチタスク行動が、集中力の落ちる要因となっているのかは、この研究からだけでは判別できない。

また、このような日常的にたくさんマルチタスクを行っている人の脳の構造がどのように違っているのかを、私自身の研究で構造ＭＲＩを解析することで明らかにした。先ほど説明したＶＢＭ解析という手法を用いて脳の部分部分の体積を計測すると、マルチタスクを行う人では、前帯状皮質という前頭葉の一部が小さくなっていることを発見した（Loh & Kanai, 2014）。また、安静時のｆＭＲＩによる脳活動パターンの計測により、この前帯状皮質の部位と脳の後部にある楔前部《けつぜんぶ》との機能的結合が弱いことも明らかになった。脳梗塞などにより前帯状皮質に損傷のある患者の研究から、この部位がまさにマルチタスクを遂行するのに重要だということは指摘されてきていた（Burgess et al., 2000）。

　このような研究は、相関関係に依存した「横断的研究（cross-sectional study）」であるため、脳の構造と日常でのマルチタスクの因果関係の方向を厳密に決定することはできない。しかしながら、マルチタスクによって特定の脳の部位が小さくなることは（不可能ではないとしても）考えにくいので、情況証拠から推測すると、日常的に本来のやるべき作業から他のことに気を取られてしまいがちな人は、このマルチタスクの実行をコントロールする部位の発達が悪く、機能が弱い可能性が考えられる。

◇コミュニケーションと社会性

　社会性というのは人間の脳の進化という観点からも興味深いファクターである。人間の脳が他の動物種と比較して、なぜ著しく発達したのかという問題への答えとして、「社会脳仮説」という理論が提唱されている。人間の脳が進化した理由は、人間が集団として生活することで社会を持つようになり、その環境に適応した結果、人間はより高度な認知機能を発達させたというのだ。社会の中で生きるというのは一見単純なことのようだが、非常に多くの認知機能を必要とする。まず、顔や歩き方などから他者が誰であるかを識別しなければならないし、その人たちにまつわるエピソードを記憶しておかなければならない。乱暴な人として悪評の高い人が歩いてきたら避けたほうが得策だし、前に親切にしてくれた人と協力しあうことも生存にとって有利に働くかもしれない。また、周りの人が怒っているのか悲しんでいるのかなどの感情を顔の表情から読み取ることも集団生活においては重要な能力だろう。これらの例からでも、社会の中で生きるためには、非常に高度な視覚処理や、抽象度の高い状況判断能力が必要になることがわかる。

社会脳仮説が正しければ、規模の大きな集団ほど、より複雑な社会で生活しているために、脳が発達しているだろうという予測が成り立つ。この仮説を検証すべく、霊長類の大脳の発達度合いと、その種がどの程度の規模の集団で生活しているかを比較した研究がある（Sawaguchi & Kubo, 1990; Dunbar, 1992）。それらの研究によると、まさにこの予測どおりに、両者の間に強い相関関係が見つかった。さらに、その関係を人間の大脳構造の発達の度合いに当てはめると、個人が一度に持つ人間関係の数は一五〇人程度だろうと予測される。この数字はダンバー数と呼ばれ、数々の研究によってその妥当性が支持されている。

しかし、Facebookに代表されるソーシャルメディアにおいては、ダンバー数を遥かに越えた数の人たちとの繋がりを持っている。このような過度の社会的繋がりは、従来の意味での友人や同僚よりも、もっと弱い繋がりの人間関係を含んでいるようである。従来は、個人の時間的制約により、一度だけ会ったことのあるような人との関係を長期的に維持することは困難であった。それが、ソーシャルメディアが外部記憶として人間関係を保持することによって、このような「弱い繋がり」が効率よく維持されるようになったようだ。

インターネットが登場したばかりの一九九〇年代後半から二〇〇〇年代前半では、ネットによって全く新しい出会いの可能性に期待が持たれていたし、実際にネットで知り合う人の大半は現実世界での人間関係とは無関係であった。しかし、現在のソーシャルメディアでは、ネットにおける人間関係のありかた自体が大きく変化し、Facebook での繋がりは、実世界で実際に直接会って話したことのある人が大部分である。つまり、Facebook のようなソーシャルメディアは、実生活での社会性を反映した新たな現実となっているのである。ネットを介した人間関係のあり方も、時代とともに変化してきている。

このように現代の Facebook などを介したソーシャルネットワークは、現実社会での人間関係を反映したものだと考えられる。そこで私たちは、霊長類における脳の大きさが、その種の集団生活の規模と相関していたように、Facebook の友だちの人数が、その人の脳の構造の特徴として現れているのかもしれないと予想した。

この仮説を確かめるため、私たちは一五〇人ほどの脳の構造ＭＲＩ画像を解析し、Facebook の友だちの数との関係を調べた。

その実験結果から、Facebook で友だちが多い人ほど、社会的認知に関わると言われている上側頭溝や扁桃体が大きいことがわかった。これらの部位は他者の視線や感情表現などの処理に関わる。そして、嗅内皮質《きゅうない》という連想記憶と関わる脳の部位も、Facebookでの友だちの数が多い人は大きかった。日常生活で顔と名前の組み合わせを記憶する数に比例して、この部位の大きさが変化するのではないかと推測される。

またFacebookの絶対的な利用時間と脳の構造を比べてみると、前部島皮質という部分が正の相関を示していた。この部位は情動や中毒などと関わる部位であり、ソーシャルメディア依存と思えるほどの人は、他のニコチン依存などと同様の中毒状態に陥っている可能性も考えられる。あるいは、中毒になりやすい「脳の体質」のようなものがあり、そういう性質の人がソーシャルメディア依存症になりやすいのかもしれない。現時点では、決定的な結論を導くことは難しいが、ソーシャルメディアに多くの時間を費やして、生産的な生活に支障をきたしている人は、それが一種の中毒である可能性も考慮すべきだろう。

ネットでのコミュニケーションは基本的には文字を介した電子メールやメッセンジャーのようなものが多い。内向的な性格の人などは、直接人と話したりするよりも、文字でコミュニケーションしたほうが気楽で、自分の意図がしっかり伝えられると感じている。私たちがイギリスで行ったネット利用状況の調査でも、これがソーシャルメディアを利用するひとつの大きな要因となっていることが判明した。このような特徴も脳の構造に反映されていた。このような特徴を持つ人たちは、社会性と関わる上側頭溝が小さく、また顔の認識に関わると考えられる紡錘状回《ぼうすいじょうかい》も小さかった。他者の表情や顔の識別といった社会的なシグナルを読み取ることが苦手な人が、ネットで文字ベースでのコミュニケーションを好むのではないかとも想像できる。これもさらなる研究で検証が必要な新しい仮説である。

◇相関関係と因果関係

ここまで紹介してきたように、ネットの利用の仕方と脳の構造の間には、相関関係が見つかり始めたところである。しかし、このような相関関係に基づくだけの観測では、ネットを使うことで、脳が本当に変化しているのかについての確信を持つことはできない。つまり因果関係は未だにわからないのだ。例えば、文字を介したコミュニケーションを好み、社会性と関係する脳の部位が小さい人は、内向的な性格だから他者と関わる機会が少なく、社会性の脳領域が発達していないのかもしれないし、あるいは逆に、それらの脳領域が小さいから、他者と直接関わりあうのが苦手だと感じている可能性もある。

このような「鶏が先か卵が先か」の問題を解決し、因果関係の方向性を決定するには、単にインターネットの利用状況と脳の相関関係を観察するだけでなく、「介入実験（インターベンション）」を行う必要がある。インターベンションとは、個人の生活環境などを実験的介入により変化させることで、それに伴う脳の構造や認知特性の変化を調べることである。

先ほどのマルチタスクの度合いと集中力の相関関係についての研究では、マルチタスキングがもたらす注意へのネガティブな効果が示唆されている。しかし、この相関関係だけでは、日々のマルチタスキングが脳の機能に影響しているのか、もともと注意力散漫な人がマルチタスキングをしているのかを判別することができない。

マルチタスクについてもインターベンションによって因果関係を検証したら、逆に認知能力が向上している可能性も十分に考えられる。スマートフォンやパソコン上でマルチタスクをする時、習慣的に大量の情報に素早く対応しているはずである。

テレビゲームをする人は、特にアクションゲームなどにおいて、非常に似たような状況を長時間体験している。実際に行われたインターベンション実験で、アクションゲームを週に四日以上、一日一時間以上遊ぶことを一〇日間続けると、注意力の認知課題での成績が向上することが示されている(Green & Bavelier, 2003)。同様に、常にネット環境に身をおいて複数のことを同時に処理していると、文章から必要な情報を取り出すスピードなどは向上している可能性も考えられる。

このアクションゲームを用いた実験のように、外部から個人の行動の変化を促すことで、注意力に変化が生じるかどうかを検証すれば、「鶏が先か卵が先か」の問題を解決することができる。また、ソーシャルメディアと社会性の関係も、インターベンションの実験を行わなければ、因果関係を見つけ出すことはできない。いったい、友だちが多いから社会性と関わる脳の部位が大きくなっているのか、それらの部位が大きい人がたくさん友だちを作ることができるのか。

しかしながら、すでにインターネットがここまで生活に浸透してしまった現代では、インターネットを初めて使い始めた人を見つけて、脳や認知機能にどのような変化が起きているかを見つけ出すという実験をするのは不可能なように思える。

現在、私たちはこの問題を根本的に解決するために、未だネットの普及率が低い開発途上国において、ネット環境が導入される前後を狙って、脳構造と認知機能に変化が生じるかを調査している。日本や欧米などの先進国では、ネットの普及率が高いために、若い世代がネットにアクセスしない地域を見つけ出すのは難しく、すでにネットなしの社会を想像することさえ難しくなっている。一方で、南米や東欧などではネット普及率が三〇パーセント以下の国が現在でも数多くある。私たちは現在、インドのコルカタで、インターネットをほぼ初めて利用し始める人たちにネット環境を貸し出し、利用してもらい、その前後で脳構造と認知機能にどのような変化が生じているかを経時的に追っているところである。この研究の結果は、十分に確信の持てるデータが取得できた時点で、改めて報告したい。

引用・参照文献

Burgess P.W., Veitch E., de Lacy Costello A. & Shallice T. (2000) "The cognitive and neuroanatomical correlates of multitasking," *Neuropsychologia*, 38(6), 848-863.

Dehaene, S., Pegado, F., Braga, L.W., Ventura, P., Nunes Filho, G., Jobert, A., Dehaene-Lambertz, G., Kolinsky, R., Morais, J. & Cohen, L. (2010) "How learning to read changes the critical networks for vision and language," *Science*, 330 (6009), 1359-1364.

Draganski, B., Gaser, C., Busch, V., Schuierer, G., Bogdahn, U. & May, A. (2004) "Neuroplasticity: Changes in grey matter induced by training," *Nature*, 427, 311–312.

Dunbar, R.I.M. (1992) "Neocortex size as a constraint on group size in primates," *Journal of Human Evolution*, 22(6), 469–493.

Green, C.S. & Bavelier, D. (2003) "Action video game modifies visual selective attention," *Nature*, (423), 534–537.

Kanai, R. & Rees, G. (2011) "The structural basis of inter-individual differences in human behaviour and cognition," *Nature Reviews Neuroscience*, 12, 231–242.

Loh, K.K. & Kanai, R. (2014) "Higher media multi-tasking activity is associated with smaller gray-matter density in the anterior cingulate cortex," *PLOS ONE*, 9(9); e106698. doi: 10.1371/journal.pone.0106698

Maguire, E.A., Woollett, K. & Spiers, H.J. (2006) "London taxi drivers and bus drivers: A structural MRI and neuropsychological analysis," *Hippocampus*, 16(12), 1091–1101.

Ophira, E., Nassb, E. & Wagnerc, A.D. (2009) "Cognitive control in media multitaskers," *PNAS*, 106(37)15583–15587.

Sawaguchi, T. & Kudo, H. (1990) "Neocortical development and social structure in primates," *Primates*, 31, 283–290.

Scholz, J., Klein, M.C., Behrens, T.E. & Johansen-Berg, H. (2009) "Training induces changes in white-matter architecture," *Nature Neuroscience*, 12, 1370–1371.

Rosen, L.D., Carrier, L.M. & Cheever, N.A. (2013) "Facebook and texting made me do it: Media-induced task-switching while studying," *Computers in Human Behavior*, 29(3), 948–958.

03 サイエンス・エンジニアリング・デザイン・アートの行方

八谷和彦×川端裕人
モデレータ：佐倉　統

◇ポストペットが人に与えたもの：不便を乗り越えるモチベーション

佐倉　さて、よくご存じのお二人ですから、今更「お題を……」という必要もないと思うのですが、どこから始めましょうか。

川端　八谷さんについて僕が興味津々な古い話から始めてもいいですか。

八谷　どうぞどうぞ。

川端　ポストペット（ソニーの子会社ソネットが販売している電子メールソフト（メーラー））は、僕が八谷さんの仕事に初めて触れたものだったと思います。ポストペットのコードは八谷さんご自身で書かれたのですか。

図1　川端さん（左）と八谷さん（右）

八谷　いえ、コードは書いていないんです。ポストペットのコードは複数人のプログラマーが書いているのですが、僕はその作業を取り仕切ることができる、いわば「棟梁」のような人を見つけてきたのです。

川端　もちはもち屋だとしても、もち屋に何がつくることができるのかを理解しているためには、あらかじめある程度の知識がないと指示もできません。だから、ポストペットのようなものを発想したときにどういう「棟梁」を連れてくればできるのかは、事前に知識を持っていないと困りますよね。

八谷　そうですね。その「棟梁」にあたるのは幸喜《こうき》俊《たかし》さんという方なのですが、[1] NIFTY-Serve のパティオの中でポストペットの原型の話をしていたときに、「こういう知り合いがいるよ、今度連れてくる」とある友人が言ったんです。で、実際に会って話してみるうちに「じゃあ、ぜひ一緒にやりましょう」となったわけですが、その知り合いというのが幸喜俊さんで、つまりもともと、友人の友人だったんですね。

川端　どのように「一緒にやった」のですか。

八谷　デザイナーはわりと無茶なことを言って、プログラマーはそれをがんばって実行しようとします。でも、「それは時間効率的に無理」なことに関してはやめておこうとか、逆に「これは普通のメーラーじゃなくて特別なメールソフトだからここは頑張って入れよう」みたいな仕様の仕分け作業は僕の仕事でした。中学・高校の頃にプログラムの本を見ながらパソコンに向かってひたすら打ち込んでいたのが役に立っていたと思います。

川端　本に書いてあるコードだのスクリプトをひたすら打つというやつですね。

八谷　そうですね。やっぱりプログラマーやデザイナーが言っていることがある程度わかるというのが大事なんですよね。話が通じないとそもそも一緒に仕事できません。

川端　彼らはすんなり「面白い」と言ってくれたんですか。「メーラーなんてサクサク速けりゃいいじゃない」とか言われたりはしなかったんですか。

八谷　幸喜くんの性格もありますが、彼はハードウエアもつくれる人だったんです。そのせいか、自分たちが必要なツールはこういうものだけど、これでは一般の人には使えないといったことはわかってくれる人だったんですね。だから、「こうやったらきっとこういう面白さが出るよね」と言うと、きちんと理解して作業をしてくれたというのは大きいと思いますね。

川端　ポストペットが衝撃的だったのは、わが家のリビングの iBook にインストールして使っていたら、ようやく言葉をしゃべり始めたばかりの僕の子どもが喜んで寄ってきたんですよ。「あ、メール来たよー」とか。それを見たときに、「コンピューターの技術が文化的に成熟しかけたってことなんだろうな」という感慨を抱いたのを鮮烈に覚えています。なにより、あのピンク色の態はやっぱり強烈でしたよね。

八谷　そうですね。ポストペットをデザインしたのは女性でしたが、受信簿や送信簿を色分けするんですよね。普通は、「そんなの線でいいじゃない、ここに受信簿って書いてあったらわかるだろう」という感じですけど、受信簿は薄いピンク色で、カラムが色分けしてあって、送信簿はブルーという、一目で、今開いているのが送信簿か受信簿かわかるといったところは手抜きせずにつくるということを意識してやっていました。

川端　そのときの八谷さんの立場はディレクターですか。

八谷　ディレクターですね。

川端　デザイン性みたいなものがこだわりとしてあって、それをチームで実現するために、ときにはコワモテ、ときには優しくといった具合に、いろいろ差配していたわけですか。

八谷　そうですね。でも、そんなにコワモテではありませんでしたよ（笑）。例えば、ペットが出ていって八時間以上帰ってこないと救済措置で自動的に復元させているんですが、実は出ていってすぐ復元することもできるんです。でもあえて、相手がメール受信しないと帰ってこないみたいな仕様にしたのは、そのほうが仕様的にプログラマーが楽だからなんですよね。

川端　なるほど。

八谷　でも同時に、そっちのほうが面白いこともあって、ポストペットの初期によくあったのは、メールを送ったら電話をかけて「今ちょっとメール送ったんだけど受信してもらえるかな」といったことが起きていたんです。メールチェックしてもらうのに電話すること自体がおかしいんですけどね。今はiPhoneでもなんでも、自動でメールを受信するのがあたり前になっていますけど、昔のメールソフトってメールを読むまでに何段階もバリアがありました。①まずパソコンを起動、②次に昔は常時接続じゃなくて、毎回これから「つなぐぞー」とモデム起動、③ダイヤルアップ（電話）して、④ブラウザやメーラーを起動させて、⑤メールチェックボタンを押して、⑥ようやくメールを見ることができた。人間にとって五段階ぐらい手間のかかるバリアがありましたが、そのバリアを「かわいい」で乗り越えようとつくったのがポストペットだったんですね。だから、送った相手がメールチェックをしないとペットが帰ってこないという仕様は、相手にメールチェックをさせるモチベーションになったり、あるいは自分のところにペットが来ていないかと思って、しょっちゅう立ち上げて、チェックボタンを押して、メールボックスからメールを取ってくるといった一連の行為をするモチベーションになっていたわけです。

川端　私と八谷さんと佐倉さんが本書のもとになった研究会で集まっていたもともとのテーマは「人と機械が理想的に調和する社会」でしたよね。僕がよく覚えているのは、暦本純一さんの「笑わないと開かない冷蔵庫」の話です。(2) 何か不便な要素を取り込むことによって、私たちの身体性を刺激するといった話が印象深くて覚えているんですが、どこかポストペットにも通じるものがありますね。

八谷　ポストペットはゲームと道具の中間を狙いました。育成ゲーム的要素もあり、さらにメーラーとしてもきちんと使えるというように、ゲームと道具の中間を狙うと面白い、つまり、あまり開拓されていない金脈がそこにあると思っていたんです。ルンバ[3]にみんなが思い入れを持つみたいなことに近いのかもしれないですけど、日本のメーカーがルンバのようなものを全然開発しなかったのは、多分クレームを恐れてとか、まだバッテリーのもちが十分じゃないとか、価格が高くなるとかそういうネガティブなことがあったからだと思うんです。でも実際のところ、世に出してみないとやっぱりわからないところがあって、ルンバを掃除機ではなくてペットのように「愛する」人たちが多くいるのは、その金脈に当たったんじゃないかなと思います。

川端　八谷さんのオープンスカイ[4]にしても、航空機として便利かというとかなり……。

八谷　便利ではないですね。生産性は低いですし、価格も高くなるし。

川端　つまり、時間だとか、価格だとか、今僕らが効率的だと思うような価値とは相容れないもうひとつの何かの要素があって、それを考慮することで、ときめいたり、おーっと感動するようなサムシングが生まれてくるんでしょうね。

◇つくる側のモチベーション：周囲の反応が燃料

川端　八谷さんは、そういうソフトウエア的なものをつくりつつ、モノ自体をもつくられているじゃないですか。

八谷　はい。

川端　それが僕にとっての最大の謎のひとつなんですよ。ハードウエアをつくる人とソフトウエアをつくる人って、そんなに重ならないことが多くないですか。

八谷　一般的にはそうかもしれないですね。でも僕の場合飽きっぽいというか、ひとつのジャンルのものは一生に一個つくればいいや、と考えていて、コミュニケーション用のソフトウエアはポストペットでもうやったから、とりあえず別のものをつくりたいと思ったんです。それで、ポストペットとほぼ同時にエアボードという、ジェットエンジンで地面から浮いて滑る、『バック・トゥ・ザ・フューチャー PART2』（一九八九年）のホバーボードみたいなものをつくったんです。(5) ただ反重力装置は存在しませんから、原理的にはジェットエンジンを積んだホバークラフトなので、「やっぱり燃焼っていいよね」みたいな思いを抱きました。エンジンと聞くと何かこう燃えるものがあるじゃないですか。実際、燃えているし。

川端　燃焼との出会いはエアボードなんですね。いくつかバージョンがありましたよね。

八谷　エアボードはα、β、γと三つつくりました。αはテストベンチ、βは僕専用、γはお客さんを乗せるバージョンです。で、γに何回かお客さんを乗せたのでエアボードを終了して、オープンスカイに移行したんです。

川端　エアボードにせよ、オープンスカイにせよ、そこに何か見た目のワクワク感がありますよね。そういうワクワク感って、モチベーションとしてとても大事なんじゃないかと思うのですが、何かをつくるのって結構長い時間がかかるプロジェクトになるわけじゃないですか。ワクワク感だけじゃ続かない気がしますが、実際に継続していくというのはどういうモチベーションなんですか。

八谷　特にこのオープンスカイに関しては、あまり簡単でないのは最初から覚悟していました。飛行機、しかも人が乗ることができて、なおかつ今までにないデザインの機体なので、長くかかるだろうなと。だから、完成するまでまったく発表しなかったらつらかったと思うんですが、オープンスカイでは、二分の一のジェットをつくったら発表、ゴムで飛ぶ機体をつくったら発表、という具合に次々発表して、周囲が驚く反応を見ることができたんですよね。その反応を燃料にして進めるという感じだったと思います。ちょうど昨日、川端さんが執筆なさった前野ウルド浩太郎[6]さんの記事[7]を読み返していたんですけど、彼もブログ[8]をやっているのは、おそらく、周りの反応を燃料にしていると思うんですよね。実際面白いじゃないですか。しかも、川端さんみたいに実際に話を聞こうとモーリタニアまで行く人が出てくるのはやっぱりモチベーションになりますよね。他の人から見て本当に面白いのかどうか全然わからない、無反応な状態だとなかなか続けづらいと思うんですが、今は途中経過をブログで見せたりできるからいいんですよ。

佐倉　そこでも「社会の反応を意識している」というわけですね。

◇オープンスカイの見せ方と科学コミュニケーション

川端　でも、例えばオープンスカイなんかもそうですが、「これができれば地球を救うことができる画期的テクノロジー」を目指しているわけではまったくないわけですよね。

八谷　そうですね。と言いますか、そういう話をしてしまうと「嘘」とか、「飛ぶ飛ぶ詐欺」と指摘されるようになったりしがちなんですよ……（一同、笑）……いやあ、あるんですよ、「飛ぶ飛ぶ詐欺」。空飛ぶ自動車は「飛ぶ飛ぶ詐欺」の典型で、夢の飛行機みたいなイメージ図が描かれ続けていて、アメリカ人のお金持ちが実際にその製作プロジェクトに出資しているけど、ずっと完成しないんですよ。僕は自分のプロジェクトはその「飛ぶ飛ぶ詐欺」にはならないように、「量産しません」とか「危ないので僕しか乗りません」といった経済的成功にとって不都合な話でも嘘をつかず、でもまあ夢は持ってもらいたいので「これいつか量産できたらいいっすよね」みたいな感じでやっていきます（笑）。

川端　「オープンスカイみたいな形のものが、すごく性能がよくて、燃費がよくて、みんなコミューターにこれ使おうぜ」といった話にならないのは、周囲も八谷さん自身もわかっていて、でもそういう「できたらいいっすよね」というところに清々しさを感じているからなんでしょうね。

図２　オープンスカイの機体、M-02J

八谷　実は性能や燃費の話については、毎回言うわけではなく、「不都合な真実」はたまに言わなかったりするんですけどね。例えば『日経ビジネス on line』のようなネットメディアの取材では都合の悪いことも含めてきちんと現実的な話をするんですが、テレビのような「浅い」メディアだと都合の悪いことには触れずに、「乗ってみたら気持ちいいですよ」みたいにあえてポジティブなことしか言わないで、浅いレイヤーの人を「だましたり」はします。「浅いレイヤー」というのは、そこまで深入りせず何となく関心を持ってくれる人たちのことです。例えばオープンスカイの本[9]をつくるとき、「タイトルに『ナウシカ』と入れたい」と思って幻冬舎にお願いして、スタジオジブリの許可をいただいたのですが、それは、編集者に「メーヴェってなんのことかわからないですよ」と言われたからなんです。これが「ナウシカ」なら浅いレイヤーの人たちにも届くんですよね。本の中身には、「国交省の許可を取るのがどれだけ大変か」とか「日本が飛行機をつくらなくなってすごく時間がたってしまったので国交省の方も審査する人があんまりいないという現状がある」みたいな、深く関心を持つレイヤーの人たちにとって面白くなる話も書いているんですけど、テレビみたいなメディアしか見ないような浅いレイヤーの人たちには最初からそういう「暗くて深い」話はあまり言わない、といったことは意識しています。

川端　さっき名前の出た前野ウルド浩太郎さんもそういうところがありますよね。浅いレイヤーと深いレイヤーに両構えで対応できるような書き方をしている。

八谷　あの民族衣装や『ドラゴンボール』のコスプレは、まず浅いレイヤーの人たちに気づいてもらう点を意識していますよね。でも研究の話をじっくりするときにはしっかり深いレイヤー向けに書かれていますもんね。

川端　それって、すごく優秀なサイエンスコミュニケーターですね。

八谷　そう言えばこのまえ、福島で農業をやっている野菜ソムリエの藤田浩志さんという方が、科学コミュニケーションの難しさについて面白いツイートをされていました[10]。奥さんとの会話で、奥さんが「白糖は体を冷やして、黒糖は温めるんだ」と言ったことについて、藤田さんが「それは本当？」と聞き返したら、奥さんに「何でそんな否定的なの」と怒られたっていうツイートだったんですよ。藤田さんが「模範解答はなんだったんでしょうか……」とツイートしたら、コピーライターの糸井重里さんが「ダンナじゃない人がやさしく教えてくれること。ポイントは、ダンナじゃないというところ」とサラッと言っていて、僕はそこに本質があるなと思ったんですよね。要するに利害関係者じゃないですか、ダンナは。

川端　ダンナは駄目ですね。利害関係者なんですよね。

八谷　そうなんです。ダンナだと「白砂糖のほうが安いみたいな裏があるんじゃないか」と思ってしまうんですよね。僕は科学コミュニケーションもこれと近いと思うんです。やっぱり科学的なアプローチだけじゃ説得されない部分があって、当事者ではない小説家とかアーティストみたいに科学との利害関係があまりない人の言葉のほうが、すんなり頭に入ることもありますよね。特に科学者の信用がなくなっているときには、そういう利害関係のない人たちが科学コミュニケーションをやったほうがいい局面もあるのかもしれない。福島の原発事故の後、早野龍五さん(11)とか野尻美保子さん(12)のようなサイエンティストは、「自分のところのエリアが何マイクロシーベルトになったら避難する」みたいな主体的判断は最後まで絶対に言わなかったんですけど、僕はサラッと言っちゃった。それは、「自分はこうする」という属人的な基準や主体としての判断はアートとかデザインだと示せるけれど、サイエンティストはそれをやっぱり言えないよなと思ったからなんです。浅いレイヤーと深いレイヤーの話も同じで、対象に応じて対応を変える必要があるんじゃないかと思います。

佐倉　浅いレイヤーと深いレイヤーを八谷さんは意識しているっておっしゃっていますけど、そこは勘と経験でやっていくようなところなのでしょうか。

八谷　これはデザインの領域の話なんじゃないですかね。デザインの意義ってそこにある感じがします。浅いレイヤーに伝えるときこそ、やっぱり製品のデザインとかパッケージとか表紙が重要になると思うんですよね。Apple の製品って、箱のパッケージデザインひとつとってもいいと思いますもん。

佐倉　科学コミュニケーションの文脈で言うと、先ほどの早野さんや野尻さんの話とも関連しますが、専門家は自分たちの専門だから深いレイヤーのほうはいいんだけど、浅いレイヤーに配慮することが逆に深いレイヤーにメッセージを届けることを阻害したり、あるいは内容が不正確になったりとかすることもありますよね。

八谷　いきなり深いレイヤーのことを浅いレイヤーの人の耳に入れようとするから何か反発食らうのかもしれないですね。さっきの「ダンナじゃない別の人」という部分。イメージで言うと、浅いレイヤーの心を開くためには先にコンコンとノックするプロセスがないといけなくて、それで「わぁ素敵、もっと知りたい」という気持ちがある程度まで達したら、そこから先は今の科学コミュニケーションのやり方でうまくいくと思うんです。悪い例として出しますけど、ＥＭ菌（琉球大学教授の比嘉照夫が考案した有用微生物群のこと。典型的な疑似科学）を推進する人たちのほうが浅いレイヤーをうまく開けているという面はありますよね。そこを先に開けることで、「あの人いい人だから」みたいに信じられてしまうと、専門家が正しい知識を届けるのにすごく苦労してしまう。「何であんないい人のこと悪く言うの」みたいに。

佐倉　確かに。

八谷　だからこっち側も開け方がうまくならないといけないと思うんですが、「こっちが正しい」というのは、どうしてもすでに信じている人たちにとっては乱暴な印象になってしまいがちですよね。

川端　そこはやっぱりデザインですか。

八谷　一言で言うとデザインな気がします。だから昨日（二〇一四年一月二六日）の一連のツイートの後半で山中俊治さん(13)が力説していたんですけど、デザインにはそういう力があると思う。

「わかりやすく伝える」ための言葉は、しばしば複雑さや精密さを犠牲にする。でもそれは、スマホのしくみを全て知ろうとしない方がかえって使いやすいのと同じで、複雑なものと人との関係を良好にするための言葉のデザインなのだと理解している。

直感に頼らないというのは科学的態度の本質だと思います。でも私は、例えば技術の基本原理を人に説明するとき、直感に訴えるように話をします。それは科学的態度を伝える事にはならないのですが、実用を優先します。そもそも、デザインとはそういうものなので。

（山中先生のツイート）

佐倉　山中さんのツイートが、僕にはすごく新鮮でしたね。科学コミュニケーションについて僕らが話をするときは、パッケージすることの必要性とか、まずそこから、みたいな発想は全然なかったので。

八谷　Appleの箱と同じで、科学コミュニケーションもちゃんと箱に入れてリボンかけようよという話みたいなことなんでしょうね。

◇サイエンスをめぐるシーンが変わった：科学と技術の違いと重なり

川端　ところで最近、「サイエンスをめぐるシーンが変わった」というのを強く感じています。例えば日本だとよく「科学技術」ってつなげるじゃないですか。それがいつも気になっていろいろな人に聞いているんですけど、八谷さんは科学と技術にどういう違いを感じますか。

八谷　子どもの頃はその二つを同じ人たちが担っていると思っていましたが、大人になって実際に早野さんとか野尻さんのようなサイエンティストとお会いして、その二つは全然違うという実感が湧いてきた、という感じです。

川端　例えば、折り紙を折るのも技術じゃないですか。そこには数学的背景があるかもしれないけど、そういうことを知らなくても手の器用な人は上手に折ったり、いろいろな折り方を工夫したりできますよね。科学的なバックグラウンドがなくても可能な技術というのはいくらでもあると思うんです。

八谷　はい。「経験的にこうなったからこれでいいんだよね。別に使えているし」みたいな。

川端　「使えているし」みたいな（笑）。僕は、文章を綴っていることがほとんどですけど、八谷さんは本当にモノをつくるじゃないですか。それがソフトウエアであれ、形のあるものであれ、そういうときに科学的なものと技術的なものを、アーティストとしてどういうふうにブレンドするんだろうということに興味があるんですよね。

八谷　僕自身には科学的なバックグラウンドはほとんどないですけどね。例えばロケットの場合[14]、サイエンスだと燃料の燃焼のことが大事になって、燃焼の理論を研究するといった方向に進むんでしょうけれど、僕らがやっているのは、いろいろ試してどれぐらい性能が上がるか調べて、駄目だったらその案はやめるし、良かったらその方向で詰めていくというエンジニアリング的なトライアル・アンド・エラーなんですよね。

佐倉　川端さんが科学と技術の違いを話題にしたのはどういう意図なんですか。

川端　僕は育った年代がアポロ世代なんですよね。月を歩いているアポロ宇宙飛行士を自分の記憶として覚えている。そのころ育った人は、科学と技術が重なるフェーズにあって、科学者も技術者もわりと似たような探究を一緒にやっている印象を持っているんですよ。漫画やアニメの中でも科学による解決って、実際は大抵エンジニアリングだったりするじゃないですか。
八谷　そうそう。博士なのに、自分で手を動かしてモノをつくっていたりしますからね。
川端　そうなんですよね。サイエンティストのはずなのにメカに強くて、メカをつくっちゃうんですよね。理論物理学の最先端で何か新たなエネルギーを発見し、それだけに留まらず、それを実用化して巨大ロボットをつくってしまうみたいな。もちろん、実験物理の観測機器なんて、サイエンティストが自分で設計してつくるといったことは今も普通にあるわけですが、次元が違う。
八谷　『マジンガーZ』(15)って、光子力エネルギーを動力源とするとかそんな話でしたよね。しかもスタッフがいなくて、博士本人だけでつくっちゃったみたいな。
川端　それがつまり、科学と技術が同じに見えていた時代。『鉄腕アトム』が科学の子であったように。でも、それらはお互いにフィードバックしあいながらも、まったく違う営みになることがある。それを意識しないと、今の時代には素朴すぎると思うんです。

◇技術の包丁理論：それは軍事か民生か？

佐倉　技術が世の中にどう見えるかという話では、技術そのものだけでなく「どういう場でその技術を考えるのか」というのが結構大事な気がしますね。

八谷　ボストン・ダイナミクス社の四足歩行のロボット(16)って、外乱にすごく強いんですよね。ホンダのASIMO(17)は、とても精密につくっているんだけど、でもそれに適した良い条件じゃないところだとこけてしまう。

川端　ルンバをつくっているiRobot社も、ボストン・ダイナミクスも、MIT（マサチューセッツ工科大学）からスピンアウトした人たちですよね。日本では一般にウケるのはヒューマノイドで、それもASIMOみたいに一歩一歩どこに足を置くかを考えながら動くようなものですが、世界的には、もっと実用から攻めようという流れが主流になって、日本のやり方はちょっと最近押されつつある気配が漂っていますよね。

八谷　SCHAFT(18)はどうなんですかね。東大的にNGな話題かもしれないですけど。

佐倉　話題にすることが東大的にNGということはないと思いますよ。東大でも特に彼らがいた情報理工学研究科は、研究科として軍事研究はしないというポリシーを明記していて(19)、「東大ではできません」ということになっていたんですよね。でも彼らは続けたかったので東大をやめてNPOを立ち上げたという経緯です。

軍事研究
東京大学では、第二次世界大戦およびそれ以前の不幸な歴史に鑑み、一切の例外なく、軍事研究を禁止しています。
自ら軍事研究を行わずとも、共同研究の過程で、意図せずに軍事研究に関わってしまうおそれがありますので、注意してください。

（東京大学大学院情報理工学研究科・研究ガイドラインより）

八谷　東大をやめずに研究を続ける仕組みはなかったのですか。

佐倉　少なくとも情報理工学研究科ではできないですし、東大全体でも東大憲章の前文によって軍事系の研究はしないと宣言されているから難しいと思います。今、軍事と民生の二重利用（デュアルユース）が、ロボットだけでなく生命科学とか脳科学とか、いろいろなところで問題になっています。でも、そもそも軍事・民生というふうに分けることの意味って何なのかもっと詰めて考える必要があると思うんです。包丁理論と言いますが、同じ技術でも良いことにもなれば危ないことにもなる。そういう技術が持っている場とか文脈をどのようにしていくのかも考える必要があると思います。

八谷　そこは大変難しい問題ですね。

佐倉　GPSやインターネットもそうだと思いますが、軍事と無関係にはならないですよね。というか、さらに産業革命以前で言えば、軍事が農業開発と並んで一番の技術開発のエンジンでした。もともと技術が包丁理論のように両義的な特徴を持っているとすると、今の世の中でどのようにその性質を位置づけていくかは、すぐに答えを出すのは難しくとも、日本はそこをまじめに考えないといけない。

八谷　三・一一の原発事故があった後に、アメリカのiRobot社の軍事用ロボットが投入されましたよね。

佐倉　大阪大学の浅田稔さん(20)なんかは、アメリカは軍事があるから、誰でも簡単に使えるようなインターフェースやユーザビリティがすごく発達していると言っていますね。だからルンバもその一例だと思うんです。あれはもともと地雷探査技術ですよね。

八谷　インターフェースって、手を伸ばしたらちゃんと自然な位置にあるとか、そういう「ああ、わかってるやつがつくっているな、これ」みたいな感じが重要なので、ルンバもきっと何代も改良していくうちにそういう良いインターフェースができてきたんでしょうね。iPhoneにあってAndroidにはないといった感じでしょうか。こう言うとAndroidユーザーには大変申し訳ないんですが、iPhoneみたいに「裏に人の存在を感じた」ときに愛着が湧くんですよね

佐倉　だけど日本はインターフェースやユーザビリティへの意識が低いから、ロボット自体の技術は高くても、それを誰でも簡単に使えるようにするといった、実践面を鍛える部分が育たないんじゃな

いかというわけですね。

八谷　瓦礫があるところを歩かせるとかはやっていなかったんですよね。

佐倉　そうそう。じゃあその軍事という選択肢がない状況で、技術をどうやってみんなが簡単に使えるものにするのかというのが、日本の技術開発の課題だと思うんですね。

◇人はモノの善悪をどこで判断する？：つくり手の顔が見えること

八谷　実はオープンスカイの機体も軍事利用できるかもしれないんですよね。もしかしたらレーダーに映らないんじゃないかなと思っているんです。あの機体、ほぼ木製だから。金属の部分が非常に少ないので、意外とレーダーに映らないんじゃないかと。

川端　うっかりステルス機をつくってしまったかもしれないんですね。

八谷　「あ、ひょっとしたらステルス機かも、これ」みたいな。無尾翼機って、そもそもステルス性を有するのですが、木製の無尾翼機がレーダーにどう映るのかについても興味があります。もともと無尾翼機は、有害抵抗が減ると想定して開発されたんですが、その性能はあまりよくならなかった代わりに、「これレーダーに映ってないよね」みたいな感じでステルス性が注目されたので現代まで生き残ってきた部分があるんですよね。だからちょっと試してはみたいんですけどね（笑）。自衛隊に持ち込んで、レーダーに本当に映らないのかどうか。

佐倉　その軍事と民生の話はまさに先ほどの包丁理論で、技術の持っている意味や機能はやっぱり文脈や場面に応じて変わっていきますよね。

八谷　ミサイルとロケットは顕著ですよね。

川端　つまり、「なつのロケット団」（安価な衛星軌道投入用ロケットシステムの開発を目指すＳＮＳ株式会社）というのはさらに顕著なわけですよね。

八谷　そうですね。だからなるべく顔を出していくというか。

佐倉　「顔を出していく」というのは？

八谷　アート作品でも、一見「ギョッとする」ようなものがありますが、文脈というか、その人がつくってきた一連の作品群を見ると納得できるみたいなところがあるんですよね。人が物事の善悪を判断するときって、そのものの性能だけから合理的に判断するというよりも、誰がつくったかで判断している部分もあると思うんです。だから、なつのロケット団も、今のロケットは無制御だから何も言われていませんが、制御というファクターを取り入れていくと命中させることを目的としたミサイル技術にどんどん近くなってしまうので、「ほら、こんなおっさんたちが平和利用を目指して楽しくやっているだけなんですよ」という点をアピールして、プロジェクトをオープンにすることを意識的にやっているんです。

佐倉　なるほど。でも現在の工業製品って、ほとんど、つくった人は匿名ですよね。

川端　そうですね。でも「○○さんがつくったミカン」とかはありますよね。あと、最近では漁業組合でも「○○さんが釣り上げた魚」みたいなのをたまに見ますよね。八谷さんが先ほどおっしゃった「iPhone にはあって Android にはないもの」というのは、実はスティーヴ・ジョブズということになるんですかね。

八谷 そうですね、ジョナサン・アイブ（Apple の主要製品のデザイン担当者）なのかもしれないですけど。

佐倉 なるほど。それはやっぱり、「顔の見えるつくり手が最初から最後まで責任を持っている感じがする」ということですか。

八谷 そうですね。それが善悪の判断だったり、信頼だったりにつながるんだと思います。

◇地図をつくること：研究のデザイン

八谷 何だか僕の話ばっかりしていますけど、川端さんも興味のある範囲がすごく多岐にわたるじゃないですか。例えばPTAもそうですし[21]、八時間睡眠が体に良いのはウソだと主張した本[22]は「研究室に行ってみよう」シリーズだと思うんですけど、研究室といってもありとあらゆるジャンルがありますよね。昆虫もあれば、睡眠・数学・ロケット……その関心の幅広さは一体どこからきているんですか。

川端 それはメンタリティの違いみたいなところがあるんでしょうね。自分の興味のあるものをとことん追究したい人もいますが、それとは別に「地図を描きたい」人もいると思うんです。僕はどっちかというと地図を描きたい派なんですね。

八谷　あ、わかります。埋めていきたいんですね。ここと あそこは実はこういうルートで行けるんじゃないかというような。

川端　そう、ある分野とある分野のノードがあったりすると、それを見つけるのが好きなんです。だから、同じところを深く掘っていったら地球の裏側まで来ましたというやり方はあまりやってこなかったですね。むしろ、「AとBとCとD……」といろいろな地点を攻めていったら、その間を埋めることによって何か新しい構造がわかってきたぞみたいなことに関心があるんです。

八谷　一点を掘り続けるのは例えばサイエンティストみたいな気質だという気がしますけど、点をつないで面ができて、地図をつくっていくのは、ある意味ジャーナリスティックな視点なんでしょうか。でも川端さんはジャーナリストではないですよね。

川端　まあ、テレビ局で報道記者をしたのが、社会人デビューでしたから、そういう訓練を受けてはいるんです。でも、偶然のきっかけで出会ったものとか、その時々に興味あるものを対象にしているので、ジャーナリストの自覚はありません。さっきPTAの話が出ましたけど、あれも、自分が主任子育て担当みたいな立場に置かれて、目の前にあったからという感じです。実際、下の子が一〇歳ぐらいになるまでのあいだって、例えば保育士が主人公の小説書いてみたり、学校の先生が主人公だったり、子どもが主人公だったり、身近なところで小説を書いていました。自分の関心がやっぱりその方面にたまたまあったんですよね。たまたま目に入ったところから、さらに目に入った部分の外側に何があるんだろうって探していくような、そういう形で地図をつくってきたんだと思います。最近は、この『ナショナルジオグラフィック』の連載がもとになった睡眠科学の本もそうですけど、下の子が一〇歳を超えてもう中学生なので、興味の方向性が顕著に変化しているんですよね。

八谷 「これからは俺の興味で」みたいな感じですね。ちなみに、川端さんがそうやっていろんなジャンルに身近に接したとき、「ここがおかしいよね」という思いを抱く瞬間はあるんでしょうか。例えばPTAだとすごい仕事量だったりして、それが単なる先生の負担の肩代わりのような仕事だとちょっと違う気もするよね、といった感じで。

川端 とってもいいご発言で、それについて言うと切りがなくなっちゃうんですけど（笑）。何かを正そうというのは少し大上段にかまえすぎですが、でもPTAに関しては正したほうがいいと思いますね。その時に、「やっぱりエンジニアリング的な発想を持っている人って強いな」と思うことがありますね。

八谷 どうやってこの問題を、「属人的な悪役」をつくらずに「システム」で解消できるだろうかと考えますよね。

川端 そうなんです。僕も、そんな解決をしたくてかなり努力したんですが、PTAという場が持つ力があるんですよね。その中でそれをうまく実現するためには、おそらくいくつかの方法があるんでしょうが、残念ながら僕はうまくできなかったんです。僕は「PTA負け組」と自分で言っているんですけどね。だからPTAの本を書いて、「こんなとこおかしいんちゃう」「こうすればみんなハッピーじゃない?」「今はみんな、誰もがあんまりハッピーじゃないよね」と提案したんですが、それを読んで「やろう」と思った人たちがバタバタ失敗していくんですよ。でもそんな中にごくまれに成功する人がいて、そういう人を眺めていると、人間工学なのか、ソーシャルテクノロジーなのかわかりませんが、彼らにはエンジニアリングの発想があるんですよね。「自分が正しい」と思って行動しているだけじゃ駄目なんですよ。その点、八谷さんの面白いところは、ソフトとハードだけじゃなくて人の感覚みたいなものを考えている。それも「研究環境のエンジニアリング」ですよね。

八谷　僕自身はエンジニアリングというよりデザインだと思っています。「研究環境をリデザインする」みたいなことなのかなと僕は思っていますけどね。問題解決に対してデザインの持っている機能をうまく使うというような。

川端　そうなんです。だからそこで、今度はデザインなのかエンジニアリングなのかという領域の話にもなってくるんですよね。

八谷　そうですね。でも僕が見ると川端さんが地図をつくるといったようなことは、ある意味デザインの作業ですよ。世の中にはこういう課題があって、この人はこういう形でそれをクリアしているという事例を見せていることが、悩んでいる研究者に勇気を与えていると思うんです。そのためにはもうちょっと研究者の行っていることを広く知らしめる回路が社会に必要なのではと思っていて、川端さんのような方が幅広いジャンルの研究現場を多くの人に伝えるというのも、重要な活動だと思うんです。

川端　僕は地図をつくるのが好きと言いましたけど、地図といって頭の中に浮かぶのは地形なんですよね。川が好きなので、流域でものを考えようとするわけなんです。本郷だったら神田川で、そのまま海まで流れていきます。駒場だったら目黒川です。東大駒場キャンパスにある一二郎池のあたりが源泉で、あれが目黒川まで注ぎます。雨がどこに降ってどこの川につながっていくのかって、線が引けるんですよね。そういった異なる水系の境界を分水界と言いますけど、そうした単位で僕は何か、わりと物事を見る癖があって、そうすると「源流」をたどるみたいな発想にもつながっていく。自分のやっていることを、五〇年前にやろうとしたらその頃の人はどうしていたのかをひも解いてみると、何か「おー、本当に」という事例があったりしますよね。ロケットでも温故知新なことって目からウロコ的なものがありますよね。今の民間宇宙開発の成功っていうのは、ちゃんと温故知新をやったら、五〇年前の技術者が完成度の高いものをすでにつくっていたというのがあったからですよね。それを見破ったイーロン・マスク（ロケットや宇宙船の開発を業務とするスペースX社の創業者）が偉いという話みたいな。

八谷　大型のロケットの多くは液体水素と液体酸素を積んでるんですが、液体水素はとにかく面倒です。なぜなら、水素は分子量が小さいので、どこからでも抜け出てしまうんです。普段僕らは密閉しているタンクから気体や液体が抜けることってあまり意識しません。でも水素は抜けやすいし蒸発するのですぐ充填し直しになるんですが、「効率少し落ちるけどケロシンが楽でいいよね」とか「エタノールでいいよね」って割り切れるともっと楽になる。実際、イーロン・マスクもケロシンでやっていますよね。それは技術的には結構前に確立したものですが、今になるとそっちのほうが、ロバストだったり、効率だって以前より上げることができたりする。だから温故知新をきちんと実践することは大事で、源流に戻るというのは非常にいいアプローチな気もしますね。

川端　分子生物学の新規性の大変に高い研究をしている研究者の論文を読んだら、引用文献がいきなりダーウィンだったり、キュヴィエだったり、「ダーウィンみたいなかつての観察の巨人が見つけた問題で今も未解明なことはある。問題自体忘れ去られていても、今の技術なら突破口があって、さらに大きな問題につながっている」とか言うんですよ。そういうのって、すごく格好良いと思ってしまって……。それ、実は自分の最近のブームでした(笑)。

佐倉　川端さんの「幅広いジャンルの点をつないで面ができて地図をつくるという作業」も、八谷さんの「問題解決に対してデザインの持っているファンクションをうまく使う、研究環境のリデザイン」も、どちらも専門を深めていくのではなく、学際的な、あるいは科学技術社会論でいうモード2(23)のようなアプローチなんでしょうね。だからこそ、お二人とも科学技術の専門家じゃないのに、単に過去の歴史を調べるだけに留まらず、「温故知新」で新しいものに触れることができる。これからも科学技術が発展して社会にどんどん新しいものが登場してくるんでしょうけれど、科学技術と社会の接点を考える上で、今回の対談でお伺いした「レイヤーによる使い分け」や「つくり手の顔が見えること」の重要性が今正にどんどん高まっているんだな、と実感いたしました。長い時間、どうもありがとうございました。

注

（1）株式会社ペットワークス取締役。ソフトウエアアーキテクト&プログラマー。フリーランスプログラマー、デジタルハリウッド株式会社、株式会社アイ・エム・ジェイを経て、一九九八年に八谷和彦、真鍋奈見江と有限会社ペットワークス（現・株式会社ペットワークス）設立。

（2）本書01を参照。

（3）二〇〇二年に発売開始したiRobot社が製造販売するロボット掃除機。http://www.irobot.com/us

（4）八谷和彦／猪谷千香『ナウシカの飛行具、作ってみた　発想・制作・離陸：メーヴェが飛ぶまでの10年間』幻冬舎、二〇一三年

（5）八谷和彦が制作したジェットエンジン付のスケートボード。

（6）砂漠の国、モーリタニアでサバクトビバッタの研究をするバッタ博士。二〇一一年、日本学術振興会海外特別研究員としてモーリタニア国立サバクトビバッタ研究所に赴任。著書に『孤独なバッタが群れるとき：サバクトビバッタの相変異と大発生』（東海大学出版会、二〇一二年）など。

（7）川端裕人「研究室に行ってみた。モーリタニア国立サバクトビバッタ研究所　サバクトビバッタ　前野ウルド浩太郎」『ナショナルジオグラフィック日本版』（二〇一四年）、Retrieved from http://nationalgeographic.jp/nng/article/20140114/379960/ このウェブ連載は加筆の上、『「研究室」に行ってみた。』（ちくまプリマー新書）として二〇一四年一二月に書籍化された。

（8）「砂漠のリアルムシキング」（http://d.hatena.ne.jp/otokomaeno/）

（9）注4参照。

(10)「農民&野菜ソムリエ 藤田浩志さんの家庭の会話から始まった「科学コミュニケーションの失敗」の話」(http://matome.naver.jp/odai/2139080507122569501)

(11) 東京大学大学院理学系研究科教授。日本の原子物理学者。二〇一一年三月、東日本大震災に伴う福島第一原子力発電所事故に際し、Twitterから情報発信を行った。震災後には福島県内の住民の内部被ばく等の研究調査をホールボディーカウンターを用いて積極的に行い、大人用ホールボディカウンターでは乳幼児については測定誤差が増えることから、乳幼児の内部被ばくを高精度で測定できるホールボディーカウンターBABYSCANを自ら設計・製造した。

(12) 高エネルギー加速器研究機構 素粒子原子核研究所教授、東京大学高等研究所 カブリ数物連携宇宙研究機構主任研究員。日本の素粒子物理学者。東日本大震災に伴う福島第一原子力発電所事故に際し、ブログやTwitterで放射能汚染に関する情報を発信した。また、正しい放射線測定や放射線との向き合い方に関する講演も行っている。

(13) 東京大学生産技術研究所教授。日本のインダストリアルデザイナー。東京大学工学部機械工学科出身でエンジニアの視点も持っており、Suicaの改札機のデザインでも知られる。早野龍五教授の招きで乳幼児用ホールボディーカウンターBABYSCANの開発チームに参加し、実際に福島の現場にも出向いてBABYSCANをデザインした。本書05に登場。

(14) あさりよしとお『宇宙へ行きたくて液体燃料ロケットをDIYしてみた：実録なつのロケット団』学研マーケティング、二〇一三年

(15) 永井豪原作のロボット漫画。無公害エネルギーである光子力開発目的で設営されていた光子力研究所の初代所長兜十蔵博士が、ドクターヘルの野望を防ぐために光子力エンジンを動力とする搭乗型巨大ロボット・マジンガーZを製作した。

(16) ビッグドッグ、二〇〇五年にアメリカのボストン・ダイナミクス社とジェット推進研究所、ハーバード大学が開発した四足歩行ロボット。http://www.bostondynamics.com/robot_bigdog.html

(17) 本田技研工業が開発した世界初の本格的な二足歩行ロボット。一九八六年から開発をスタートし、一九九〇年にプロトタイプを発表。二〇〇〇年一一月に人間型ロボットASIMOとして発表した。http://www.honda.co.jp/ASIMO/

(18) 二〇一三年一二月のDARPAロボティクスチャレンジ（人間が近づけない過酷な災害現場で活動するロボットの開発を促すのが目的のDARPA主催の災害救助用のロボット競技大会）で予選をトップ通過した東京大学発のロボットベンチャー。http://schaft-inc.jp/

(19) 情報理工学系研究科「科学研究ガイドライン」http://www.i.u-tokyo.ac.jp/edu/others/pdf/guideline_ja.pdf（二〇一一年三月）

(20) 大阪大学大学院工学研究科知能・機能創成工学専攻教授。ロボカップ創設者の一人で、認知発達ロボティクスの第一人者。

(21) 川端裕人『ＰＴＡ再活用論：悩ましき現実を超えて』中央公論新社、二〇〇八年

(22) 川端裕人／三島和夫『8時間睡眠のウソ。日本人の眠り、8つの新常識』日経ＢＰ社、二〇一四年

(23) 真理を探究する従来型の科学（モード1科学）に対して、複合的な問題を解決するための知識動員の仕方を考察するのがモード2科学。

04　身体との調和に向かう義足の行方

渡部麻衣子／大野祐介／臼井二美男

◇はじめに

人と機械の間には、常に、機械を操作する「身体」が存在する。たとえば、機能のほとんどが自動化された機械であっても、最初のスイッチを押すことができる人の「身体」は不可欠である。そして、指に感じるスイッチのバネの反発から自然環境の変化に至るまで、人は、様々な位相において機械の反応を「身体」を通して感得し、機械との関係を「生成」している。「人と機械の調和」とは、一つには、そうしたあらゆる位相での、人の「身体」と機械の調和を指すと言えるだろう。では、それはどのような状態であり、どのように生成されるものなのか。ここでは、人と機械の調和がどのように生み出され得るものなのかということについて検討する。

そのために、まず、身体の一部である「足」を失った状態を出発点とする。足は、人の「日常生活動作（Activity of Daily Living）」の一つである「移動」をつかさどっている。この、人の生活の質に関わる重要な身体部位を切断した人が、その後の生活を続ける上で一つの選択肢となるのが、義足の利用である。

義足は、歩行機能を回復するために、切断した足の断端《だんたん》に装着して利用する福祉用具である。一般的に義足を「機械」と呼ぶことはあまりないが、最近では「機械」と呼んでも違和感のないほどに、高度な工学技術を応用した義足パーツも開発されている。といっても、ここでの関心はそうした高度な工学技術を用いた義足にあるのではない。それよりもここでは、ごく標準的に、義足が人の「身体」に合わせて作られる、ということのほうに注目したい。義足は、それがどんなに高度な技術を搭載していても、それを利用する人の身体に「適合」しなければ機能することができない。この人の「身体」と義足の関係性は、人の「身体」と機械の関係を象徴している。そこでここでは、義足を、人の「身体」と機械の調和した状態の具体的な現れと見なす。そして、その状態がどのように生成されるのかを記述することを通して、「人と機械の調和」について検討する。

◇義足の概要

義足のかたち

義足は義肢の一つである。義肢装具士法には「『義肢』とは、上肢又は下肢の全部又は一部に欠損のある者に装着して、その欠損を補てんし、又はその欠損により失われた機能を代替するための器具器械」とある。義足はまた、装着する部位によっていくつかの種類に分類される。装着する部位とはつまり切断個所である。ここで登場するのは、大腿部で切断した場合に用いられる大腿義足である。大腿義足は、切断部を収納するソケット、大腿パイプ、膝継手、下腿パイプ、足継手、足部、と呼ばれる、人の足の骨格を模した部品で構成される。

義足と義足利用者の法的な位置づけ

制度上、義足は医療器具であり福祉用具でもある。

義足には、義足歩行の訓練のために処方される仮義足とその後製作される本義足とがある。切断理

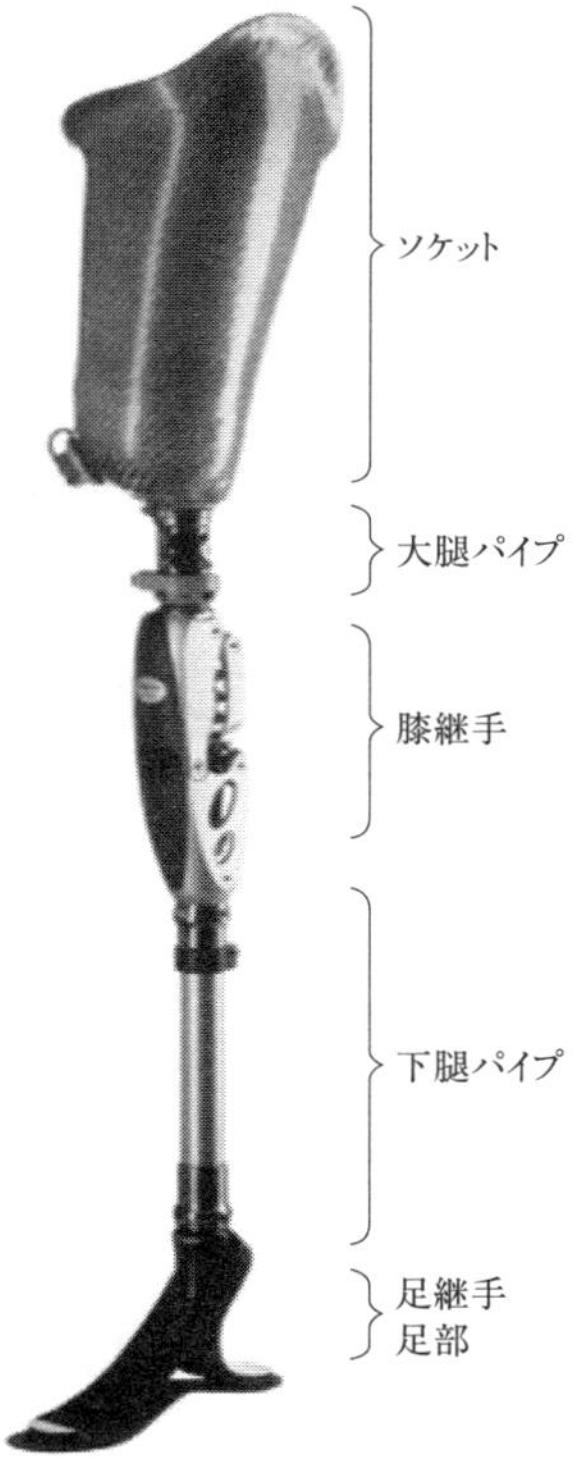

図1　義足の各部

由によって違いはあるが、一般的に、仮義足には医療保険が、本義足には自立支援医療制度が適用される。このことは、仮義足と本義足での利用者の法的な位置づけが異なることを示している。すなわち法的には、利用者は仮義足の支給を受ける時点では医療の対象である「患者」として、本義足の支給を受ける時点では、身体障害者手帳を持つ「障害者」と定義される。この文脈で言えば、ここで登場するのは「仮義足」と「患者」である。

義足の製作

義足は、仮義足の場合、医師が処方を出すことで製作される。本義足の場合には、義肢装具士が処方に基づいて製作計画を作成し、これを利用者が福祉事務所に提出すると、それを医師による診察結果に基づいて更生相談所が判定する、という手続きを経た上で製作される。

どちらの場合も製作にあたるのは義肢装具士である。義肢装具士法は、義肢装具士が、医師の指示があれば「診療の補助として義肢及び装具の装着部位の採型並びに義肢及び装具の身体への適合を行うことを業とすることができる」と定めている。これに則って行われる義肢装具士の具体的な仕事は、断端の型を採り、ソケットを製作し、適切な部品を揃え、最適なバランス（アライメント）で組み立てることである。免許を取得するには、全国に一〇校ある指定大学あるいは養成所で一年から三年学んだ上で国家試験に合格しなければならない。免許保持者数は、国家試験がはじまった一九八八年から二〇一三年まで通算で六三九一名である。

ただし、一九八七年に免許制度が確立する以前から義肢装具は存在し、その製作を担っていたのは医師からの依頼を受けた義肢装具製作所であった。製作技術は職人たちの技として徒弟制度の中で受け継がれていた。こうした歴史を背景とした医師と義肢装具士との関係や、義肢装具士間の関係は、現在でも義足製作現場の文化的な基盤を成している。たとえば現在でも、義肢装具士の多くは、そのほとんどが町工場に類する民間の義肢装具製作施設に所属し、一方では病院に出向き、一方では製作所において製作に励むという日常を送っている。

◇義足の「適合」

完成した義足は、利用者の身体に合っていなければならない。身体に合っていない義足は、身体に痛みを生じさせる原因となり、最終的に「歩く」という足の機能を代替することができない。したがって義足製作の目標は、身体に合った義足を組み立てることである。組み立てた義足が利用者の身体に合っている状態を「適合」と呼ぶ。ここでの関心は、この「適合」がいかにして可能となるかである。

義足の「適合」を達成するためのアプローチは、技術的なアプローチ、技能的なアプローチ、そして生成的アプローチの三つに分けることができる。

技術的なアプローチには、たとえば膝継手と呼ばれる部品の開発がある。「膝継手《ひざつぎて》」とはつまり膝にあたる部位であり義足歩行の要である。

バイオメカニクスの理解に基づけば、人の歩行は、脚が着地してから踏み出すまでの「立脚相」と、前へ踏み出してから着地するまでの「遊脚相」の二つに分けることができる。義足歩行の場合、「立脚相」では、体重が前方に移動する際に膝継手が急に曲がる「膝折れ」現象が問題となり、「遊脚相」では、足がスムーズに前に出ないことが問題となる。足がスムーズに前に出るには、遊脚相の初期と後期とで義足の動く早さを制御する必要がある。つまり、歩行の間の義足の動きを適切に制御することが膝継手の課題である。この課題に対しては、技術的なアプローチによる解決が試みられてきた。

まず「膝折れ」に対しては、義足に体重がかかった時に摩擦を増やすことでブレーキをかける機能が開発されている。ただしこの機能は、利用者に義足を制御する筋力があることが前提となっており、技能的な習熟も必要である。筋力が十分でない場合には、膝継手を固定し可動性をなくすという解決もあり得る。一方、遊脚相における義足の制御についても、やはり摩擦を増減させることで対応する機能が開発されている。なかでも、一九九〇年に中川昭夫らが開発した「インテリジェント義足」は、地面に踵がつくとそれを検知して膝折れを防止する機能が働くだけでなく、利用者の歩行速度と歩幅を記憶し歩行速度に合わせて歩幅を制御する機能を持ち、個人の歩行の特性に合わせた対応を可能にしている。

技能的なアプローチには、義肢装具士の「技能」と利用者の「技能」の二つがある。義肢装具士の「技能」によって解決される課題の例としては、ソケットの製作がある。ソケットは切断面に装着し、身体と義足とをつなぐ部品である。切断面は、生体である以上一つとして同じ形はなく、また体調や加齢に伴い変化し続ける。一人一人異なる切断面に「合う」ソケットを製作することは、義肢装具士が習得しなければならない技能の一つである。その難しさについて、戦後、日本における義肢装具製作の近代化に尽力した飯田卯之吉は、次のように表現している。

> 義肢ソケット適合とは、切断端軟組織がそれ自体の欲する形の容器の断面形を発見することで、あらかじめ設定した断面形をもつ容器に軟組織を閉じ込めることではない。フリーステートにおいては、軟組織はかなり自由に変形させることが出来るが、ある空間内に閉じ込めようとすると、たちまち個性をむき出しにして、自分の欲しい形にしか納まってくれない。いわゆる無定形の定形というもので、一つの切断面に適合するソケットはただ一つしかなく、このソケット形を見出すことが適合技術者の責務である。（飯田、一九七四、六頁）

一九七四年に書かれたこの巻頭言の中で、飯田は、「適合」のための方法論が確立されていない現実を嘆き、そこからの逃避としてソケットの製作を不要とする「ダイナミックソケット」なるものを夢想したが、それはつまり切断面そのもののことであった。現在日本では、飯田自身の開発したソケット製作の方法論が主には用いられている（澤村、二〇〇七、二六一頁）。そうした、義足製作の方法論の確立は、「適合」のための技能の一側面である。同時に、ソケットの製作が、利用者の身体から石膏で型を採って行われることを考えると、個々の義肢装具士の経験的な技能の発達が「適合」にとって重要な要素であると言える。

また義足の「適合」には利用者自身による技能の修得も欠かすことができない。これは、義足を制御するために利用者が獲得しなければならない身体的な技能を指す。義足を履いて歩く義足歩行のリハビリテーションは、利用者がこの技能を獲得することを目的としている。

そして「生成的アプローチ」がある。ここで用いる「生成的」という用語は「身体生成論」に基づく。身体生成論は、モーリス・メルロ＝ポンティによる身体の現象学的考察を祖とし、身体動作の獲得を人の主観的な経験として読み解くことを目指す身体論の立場である（亀山、二〇一二）。近年、現象学的身体論は、看護やリハビリテーションの領域においては、制度化された医療の「まなざし」からこぼれおちる患者の「生きられた体験」（トゥームズ、二〇〇一）に基づく疾患・障害理解を目指す立場の基盤ともなっている（山内、二〇〇七、結城、二〇一一、北尾ほか、二〇一三）。

ここでは「生成」ということばを、義肢装具士と利用者が相互行為を通して、「適合」状態を「作っていく」ことを指して用いる。「生成的アプローチ」において「適合」は、ある時点で評価することの可能な静的状態ではなく、場面ごとに生じる動的な現象として見なされる。以下では特に、この義足「適合」のための「生成的方法」について観察した結果の一部を紹介する。

◇参与観察の方法

参与観察の現場：鉄道弘済会義肢装具サポートセンター

義足の製作過程を考察するにあたって、公益財団法人鉄道弘済会義肢装具サポートセンター（以下「サポートセンター」と略記）の協力のもと、義足製作過程の参与観察を行った。

サポートセンターの母体である財団法人鉄道弘済会は、一九三二年に、国有鉄道の職員が労働災害にあった際に、本人や残された家族を援助することを目的として設立された公益法人である。第二次世界大戦後は、その対象を一般にも広げ、国鉄が分割・民営化されるに伴って分離されたキヨスク事業を基に、独自の資産を運用して福祉事業を維持、運営してきた。現在法人が運営する事業は、サポートセンター以外に、全国二三カ所の保育所、知的障害者のための療育施設、児童養護施設、総合老人福祉施設等、多岐にわたる。

サポートセンターには、法人より配備される事務職員の他に、義肢装具製作に携わる約三〇名の義肢装具士、二名の理学療法士、看護師と医師が所属している。義足に関するリハビリテーションのためだけに一二床の入院施設まで備える民間施設は、日本でもサポートセンターのみであり、義足の製作現場としては特殊である。しかし、義足の製作と義足歩行の習得とが同時進行するサポートセンターは、義足の適合のための様々な方法を同時に観察するには適した環境であるとも言える。

観察の対象：利用者と義肢装具士

参与観察は、サポートセンターとの相談の結果、所属の医師より紹介を受けた利用者一名に、趣旨を説明した上で協力について同意を得て、担当となる義肢装具士、理学療法士、看護師、医師の協力と指導の下に二〇一二年九月から行うこととなった。そして紹介されたのが後田洋さん（仮名）であった。後田さんは三〇代半ばで、地方の病院につとめる内科医であった。切断理由は悪性腫瘍であり、妻と母親と共にサポートセンターを訪れたのは、都内のがん専門の病院に約一カ月入院をした後のことだった。

下肢切断の原因には、重度の外傷、抹消血管障害、悪性腫瘍、先天性疾患の四つがあり、日本では現在、動脈硬化や糖尿病に由来する抹消血管障害が最も多いと報告されている。一九七〇年代前半には、労災と交通事故を合わせた重度の外傷が、下肢切断の原因の約半数を占めていたから、ここには時代の変遷がみられる。

後田さんの担当となった義肢装具士の小野正さん（仮名）は、三〇代半ばで、大学を卒業した後、義肢装具士になるために再び別の養成学校で学び直し、資格をとりサポートセンターに就職した。調査をはじめた時点で勤務歴六年目であり、本人曰く「まだまだこれから」という立場である。現在も週に二日は担当する病院で外勤をしている。

観察の方法

筆者の内、渡部と大野が、二〇一二年九月から二〇一三年二月までの間、後田さんの仮義足を製作する過程を参与観察させて頂くこととなった。また、観察と製作過程の両方を臼井が監督した。観察は、二〇一二年一二月までは渡部が週に一～二度サポートセンターに通い、リハビリテーション室が開室する朝一〇時から夕方四時までの間、主にサポートセンター内にて行ったほか、後田さんの同意を得た上で、後田さんと小野さんの会話を録音させて頂いた。

分析の方法

取得された音声データを渡部が書き起こし、会話分析を行った後、掲載個所について、大野と臼井が解釈の確認を行った。

倫理的配慮

観察は、東京大学大学院情報学環において倫理審査委員会の承認を受けて行った。

◇義足の適合が「生成」される過程

結果

二〇一二年一〇月四日から二〇一三年二月八日までの間、合計一七日、三時間五〇分の録音データが収集された。

会話の一例

後田さんが入所してから仮義足が完成し退所するまでの間に、小野さんは三度、後田さんの義足のソケットを製作した。またその他にも、義足の各部品の位置や大きさ、種類を微調整する作業（アライメントの調整と言う）を繰り返している。その間、後田さんと小野さんは何度か義足の「履き心地」について会話をしている。たとえばそれは、以下のような会話である。

（二〇一三年二月七日）

【1】小野さん：あ、で今、ターンテーブルをつけると長さが変わる可能性があるので、パイプだけ中古品で、最終的に長さ確定したら、これもう新品にしますので。

【2】後田さん：これがかなり重い。

【3】小野さん：これがかなり重いので。あ、ただ膝折れだけ気を付けてもらってもいいですか。あ、あと軽いのが、膝の空圧何もいじってないんですよ。出荷時のままなので。
【4】後田さん：あ、単にソケットが。
【5】小野さん：軽いか。あ、ほんとですか。最初は膝折れ気を付けて下さいね。チェック用のやつが透明のやつだったんですけど。
【6】後田さん：歩き易い（歩きながら）。
【7】小野さん：あ、そうですか。なんですけど、熱加えると形が自由自在にはなるんですけど、分厚く作る必要があったんですけど、今回はもう熱加えるとあんまり大きくは変わんないんですけど、その分薄くできるので。
【8】後田さん：なんとなく膝折れする気が。
【9】小野さん：あ、そうですか。じゃあちょっと安定位にしますか。えっと膝を、最後まで粘るより先に曲がっちゃうってことですよね。
【10】後田さん：そう。
【11】小野さん：はいはい。
【12】後田さん：でも歩き易い。
【13】小野さん：あ、歩き易いですか。それはうれしいな。
【14】後田さん：ていうか今までのソケットなんだったんだってくらい。（笑い）筋トレしてたみ

たい。
【15】小野さん：ずっと筋トレしてたようなもんですね。なので。
【16】後田さん：ほんと筋トレだわ。
【17】小野さん：そうですね。あれで長かったですもんね。三カ月くらいやってましたっけ。
【18】後田さん：四カ月くらい。
【19】小野さん：四カ月くらいやってました。ちょっと粘りますか。これで。

分析：専門知と身体経験の関係性

切断した側の足の形は、傷の回復と義足歩行訓練の結果として、入所している間にも徐々に形を変えていく。そのため、義足のソケットは何度か作り直される。後田さんの場合、ソケットは二度作り直された。会話は、最後に作ったソケットを試し履きしている時のものだ。

まず【3】【4】で会話内容の設定がある。【3】で小野さんは「軽さ」に言及している。続けて「膝折れ」に注意するように促していることから、「軽さ」とは、膝継手の設定のことであることがわかる。実際、設定は出荷時のままであると説明している。それに対して後田さんは【4】で「ソケットが軽い」ということの方が感じられることを告げている。それまでのソケットと新しいソケットでは、新しい方が随分と軽く感じられるらしい。以後、会話全体の中で、そのことに後田さんは何度も感嘆している。

この後田さんの感想に対して、小野さんは、新しいソケットの方が軽い理由を素材の違いから説明している【5】【7】。ここで小野さんは、義肢装具士の立場から、「新しい義足が軽く感じられる」という後田さんの「身体感覚」を、製作に携わる者の専門知識に基づいて肯定している。しかし、それについて後田さんは特に感想は表さず、義足を装着してみた感想としてまず、「歩き易い」【6】、次に「膝折れするかも」【8】と告げている。

「膝折れ」とは先述の通り、立脚相で義足よりも前に体重が移動する際に、膝継手が急速に曲がってしまい、体重を支えきれなくなる現象を言う。「膝折れ」は、義足という器具に生じる解決すべき事柄として義肢装具士の専門知として共有されている。そして小野さんは、新しくできた義足を後田さんに試してもらうにあたって、最初からこの点について注意を喚起している。しかし、当初後田さ

図2　完成した後田さんの義足

んが言及したのは「ソケットの重さが軽い」という点であり、しばらく歩いてみてはじめて「膝折れがあるかもしれない」ということに言及する。これは、新しい義足に対する後田さんの「身体感覚」に沿った言及であり、小野さんもそれを遮ることはしない。

ここで注目したいのは、後田さんの方にも、義足歩行において生じる一つの現象を「膝折れ」と呼ぶ、という知識があるという点だ。そのために、小野さんの注意喚起に対して、「膝折れ」という身体の経験を小野さんに伝えることができる。小野さんと後田さんが「膝折れ」という現象についての共通知識を獲得していることが、ここに表れている。ただし小野さんは、「膝を、最後まで粘るより先に曲がっちゃうってことですよね」【9】という発言において、小野さんの持っている専門知としての「膝折れ」と、後田さんの経験としての「膝折れ」とが同様の内容であるかを確認している。そして、義足の膝継手の設定を変更する。

ここまでで、おそらく、小野さんにとっての試し履きの目的は、【3】で「出荷時のまま」と言っている膝継手の「適合」であるということがわかる。しかし、そのことは、小野さんがその場で膝継手の設定変更に入るまで明示されず、後田さんが最初に感じた「ソケットの軽さ」を中心に会話は進められている。最後では、これまでの重い義足は「筋力トレーニングのようなものであった」という後田さんのことばに、小野さんは同意している。

しかし、次の場面では、小野さんは会話の目的を明示している。

【20】小野さん：ちょっと今外倒れですけど、それは好みの感じの。
【21】後田さん：好みの……まあ、好みの感じですけど。
【22】小野さん：はいはい。ちょっと変えてみます。ほんのちょっと外倒れし過ぎてる可能性もあるので。あとこのパイプは、長くて邪魔な分は後から切っちゃいます。
【23】後田さん：ああ、それは気にならないです。
【24】小野さん：これでどうでしょうかね。

（後田さんが歩いている。）

【25】後田さん：劇的に軽い。
【26】小野さん：そうかもしれない。重さ。二〇〇グラムくらい違うかな。
【27】後田さん：体感では相当違う。
【28】小野さん：うん。そうですね。……

⋮

「外倒れ」とは、義足が体幹の外側へ傾斜している状態を言う。小野さんは【20】で、まずそれを指摘した後、その状態が、後田さんの「好みの感じ」かを確認する。後田さんは返答に躊躇があるが、

「まあ好みの感じ」としている【21】。しかし、小野さんは、「外倒れし過ぎている可能性もある」として義足のパーツに変更を加えると告げる。【22】。

歩いてみた後田さんの感想は、やはり「軽い」である【23】。小野さんが問題として指摘する「外倒れ」を、後田さんが経験していたとは言い難い。ここには専門知と経験のずれが観察される。同時に、専門知を持つ人の側に、持たない人の身体経験を管理し得る力のあることが示されている。しかし小野さんは、後田さんに対して、義足の外倒れが課題であるとは断言せず、「課題である可能性がある」と表すことで、表現の上で、自らの持つ力を縮小して見せている。専門知と技術を持つ側が、そのために同時に所有する力を、自らコントロールしている様子が、ここには表れている。

またこの場合、「外倒れ」について、小野さんの指摘と後田さんの身体感覚のどちらが正しいかを評価することはできない。後田さんの身体感覚が、ソケットの軽さに集中しているために、「外倒れ」という現象を「経験できていない」可能性もある。たとえば「膝折れ」は、その日の会話の最後ではじめて、後田さんにとっても重大な問題として経験される。

【29】後田さん：…あ、すごい、これ膝折れするかも。
【30】小野さん：膝折れしますか。もうちょっと安定位の方がいいですか。
【31】後田さん：うーん。すごい。

（1分弱、小野さんが作業している。）

【32】小野さん：これで、さっきみたいにその場で膝が曲がる感じ、試してもらっていいですか。
【33】後田さん：あ、大丈夫。
【34】小野さん：これくらいの方がいいですかね。
【35】後田さん：あ、うん。自分で曲げる感じ。
【36】小野さん：曲げようと思って曲げる感じ。
【37】後田さん：うん。勝手には曲がらない。
【38】小野さん：で、立った時に足裏付いてる感じありますか。
【39】後田さん：付いてますね。
【40】小野さん：じゃこれの方が安定が良いんだと思うんですけど。

（後田さん、歩いてみる）

【41】後田さん：あ、こっちがいい。いい感じいい感じ。

この場面は【29】で後田さんが、「膝折れ」に気が付く時点からはじまる。これを受けて義足を調整した後、【32】で小野さんは明確に、後田さんに「膝折れ」の状態を確認してもらっている。後田さんは【33】で「大丈夫」と告げているが、小野さんはさらに後田さんの感覚を、「曲げようと思って曲がる感じ」【36】、「立った時に足裏付いてる感じ」【38】ということばで確認している。それぞれを後田さんが肯定したのを受けて、「これの方が安定が良いんだと思うんですけど」【40】と締めくくる。後田さんも、実際に歩いてみた上で、これを肯定している【41】。

一連のこの日の会話の中で、「膝折れ」は、後田さんによってそれが問題として経験され、表現された時にはじめて、小野さんが技能的に対処すべき問題として生じている。そして、技能的に対処された義足が後田さんの身体に「適合」しているかは、後田さんの身体感覚を、小野さんがことばに置き換え、後田さんに確認することを通してはかられる。言い換えれば、ここでは「適合」の問題は、後田さんの身体経験によって生じ、小野さんの技能的対処と、小野さんと後田さんの言語的相互行為を通じた後田さんの身体経験の確認を通して解決されている。ここには、専門知を持つ人と身体経験を持つ人との相互行為によって、身体と機械が「適合」する状態が作られていく、小さな現象を確認することができる。

◇結論

この義足の適合が生成される過程についての事例には、人と機械の「調和」が、機械の側の発展や、機械を作る人の技能の発達によって達成される事象としてのみならず、作る人と使う人の相互行為によって生成されていく現象として読み解くことができる、ということが示唆されている。

この一つの事例においては、両者の相互行為において、（1）「作る人」と「使う人」のそれぞれが共通の用語を獲得していること、（2）用語によって表現される使う人の身体感覚と専門知の内実の対応を、専門知を持つ「作る人」が「使う人」のことばで確認をしていること、（3）そして機械に生じる「課題」の解決は使う人の身体感覚に沿って行われていること、が観察された。また、（4）使う人の身体経験に重きを置いた会話の中で、専門知を持つ「作る人」が、同時に所有する身体に対する力を表現の上では縮小してみせている、ということも、「機械と人の調和」に関連して、今回の事例において観察された重要な点として指摘しておきたい。

謝辞

まず調査をご快諾下さった後田さんと小野さんに心より感謝申し上げます。また、公益財団法人義肢装具サポートセンターの皆様、特に、興津太郎医師、桑久保眞智子看護師、梅澤慎吾理学療法士、岩下航大理学療法士、参与観察中の入所者の皆様に、心より感謝申し上げます。本研究は、ヒューマンルネッサンス研究所と東京大学大学院情報学環佐倉研究室の共同研究の一環として行われました。ヒューマンルネッサンス研究所および佐倉統教授に御礼申し上げます。

引用・参照文献

飯田卯之吉（一九七四）「夢：ダイナミックソケット」『総合リハビリテーション』第二巻第九号、六三三―六

三四頁
亀山佳明（二〇一二）『生成する身体の社会学：スポーツ・パフォーマンス／フロー体験／リズム』世界思想社
北尾良太／鈴木純恵／土井香／清水安子（二〇一三）「回復期リハビリテーション脳卒中者が語る病い経験に関する研究：医療者とのかかわりから〝あとから病いがわかっていく〟こと」『日本看護学研究学会雑誌』第三六巻第一号、一二三―一三二頁
澤村誠志（二〇〇七）『切断と義肢』医歯薬出版
トゥームズ、S・カイ（二〇〇一）『病いの意味：看護と患者理解のための現象学』永見勇訳、日本看護学協会出版会
山内典子（二〇〇七）「看護を通してみえる片麻痺を伴う脳血管障害患者の身体経験」『日本看護学会雑誌』第二七巻第一号、一四―二二頁
結城俊也（二〇一一）「解釈学的現象学的分析による脳卒中者の身体経験：職人技の回復プロセスを例として」『日本保健福祉学会誌』第一七巻第二号、二一―三八頁

05　義足とポスト近代的モノづくりの行方

臼井二美男／大野祐介／梅澤慎吾／山中俊治
聞き手：佐倉　統／渡部麻衣子

前章では、身体と機械が調和した状態の現れとしての義足の「適合」が生成される過程をミクロな視点から考察したが、ここでは義足の製作に関わってきた人々の、義足をめぐる対話をまとめる。座談会の参加者は、鉄道弘済会義肢装具サポートセンターの義肢装具士の臼井二美男さん、同じく大野祐介さん、理学療法士の梅澤慎吾さん、そして、慶應義塾大学大学院政策・メディア研究科教授として義足のデザインに取り組み、現在は東京大学生産技術研究所教授の山中俊治さん。聞き役として佐倉統と渡部麻衣子が、これに加わった。

義肢装具士の臼井さんは、「スポーツ義足」の開発者として義足の世界では名の知れた人だ。小学校六年生のときの恩師が大腿義足を履いていた、という記憶が義肢装具の製作現場に就職することへとつながって約三〇年、鉄道弘済会義肢装具サポートセンターに職員として勤務してきた。その間に、アメリカへの新婚旅行中に出会ったというスポーツ義足の製作に日本ではじめて本格的に取り組み、スポーツクラブを結成して義足のランナーたちをまさに一から育ててきた。

一方の大野さんは、鉄道弘済会に入社して八年目だ。大学在学中、路上生活者の支援活動に関わっていた際に義足で生活している人たちと出会ったのがきっかけとなって義肢装具士を目指した。

梅澤さんは、理学療法士として就職した先がたまたま義足歩行の訓練に特化したリハビリテーション施設であったという経緯の持ち主だ。理学療法士の中で義足歩行に関わるのは三パーセント程度。希有な存在として日々「美しく歩く」を可能にする訓練に取り組んでいる。

山中さんはインダストリアル・デザイナーとして、さまざまな工業製品のデザインを手がけてきた。JRがICカードを導入した際に、自動改札に取り付けるタッチパネルを、緻密な行動観察に基づいてデザインした方でもある。山中さんの義足への関心は、こんなところにはじまった。

◇義足の「美しさ」

山中　北京パラリンピック（二〇〇八年）の直前だったでしょうか、そのころに義足の陸上選手オスカー・ピストリウスが走っている映像を見て、衝撃を受けたんです、「これは何だ」という。それまでは「美しいと賞賛されるのはいつも完璧な肉体」だと漠然と思っていました。ところが、スタジアムを駆け抜けるピストリウスは、とても美しく見えたのです。「人工物が融合することによってより美しくなるということはありうるのだ」というのが、新鮮な驚きでした。それは衣服やアクセサリーのように、身を飾るとかそういうことではなく、人の機能の一部を完璧に代替し、一体化していました。「ピストリウスのほうが、もしかしたら普通の人よりも美しいかもしれない」と見とれてしまう瞬間があったのです。「どうしてこんな美しさが実現できてしまうんだろう」というところに興味を引かれ、さまざま調べていくうちに義足、特にスポーツ用義足に興味を持つようになり、臼井さんのところを訪ねていました。

オスカー・ピストリウス選手は、先天性の疾患のため生後一一カ月で膝下を切断した南アフリカ出身の義足の陸上選手である。二〇一二年に行われたロンドンオリンピックで陸上男子四〇〇メートル走および四×四〇〇メートルリレーに、義足のランナーとしてはじめて出場を果たした。一〇〇メートルの自己ベストは一〇秒九一。メディアを通じて広く伝えられた彼の走る姿は、山中さんのみならず、多くの人が義足への関心を高めることにつながった。

臼井　例えば身体障がい者がゲストではなくレギュラーでテレビに出演するようになったのは、ここ一〇年ぐらいのことです。今、義足のコメンテーターや車いすのコメンテーターがいたりするのですが、残念ながら現在のところまだＮＨＫだけです。パラリンピックのときだけ、特にアスリートの人は紹介されますが、なかなかそれ以外の障がい者は、民放にはあまり出演しません。ＮＨＫのＥテレにはさまざまな障がいを持った人たちが出演する番組があるのですが、社会の中で当然のように障がい者が登場する場面というのは、まだ少ないですね。義肢に関しても、ここ五年くらいです。

この変化には、スポーツ義足の開発と普及に取り組んできた臼井さんの貢献も大きい。

臼井　これまでは義肢や義手は隠していたのが、最近では結構あちらこちらで、義足を見せるとか、義足を話題にできる状況になってきています。そういうことは以前は本当にありませんでした。

近年、義足のモデルやアーティストがファッション誌の誌面を飾るのを見るようにもなった。誌面で見る彼らの義足は、衣服のような個性を放ち、明らかに「美しく見せる」ことを意識している。義足製作の教科書には、「義足の外観は身体に似せて作る」、とあるが、彼らの義足はそれにはまるで当てはまらない。そして、「見せる」ことを職業としない一般の人の中にも、義足の外観をむしろ「足に似せない」ことを選ぶ人がいる。前章の調査に協力してくれた後田さん（仮名）も、義足の外装に「黒」を選んだ。これは、義足をめぐる社会環境に起因する、利用者自身の意識の変化なのだろうか。臼井さんは、次のように述べる。

臼井　利用者の根本には多分、義足を利用することに対する拒否の感情があると思うのです。だけれども、自分の中の拒否を受け入れたい、「異物」を受け入れたい、という気持ちこそが義足のデザインを洗練させたり、自分が望むさまざまな色をつけることにつながっているのだと思います。

義足を利用することの前提として、それが本人の望んだことではない、ということがある。それは、義足をめぐる技術や社会環境が変化しても、変わることのない利用者の経験である。けれども、義足を見せることが可能となることで、自分自身の望まない状況を受け入れる、あるいは転換する可能性が生まれているとは言えるかもしれない。そして「義足が美しくあること」は、この可能性に貢献する。

山中　利用者の人たちの話を聞いていると、例えば義足を人前で堂々とさらして歩けない理由の一つに、本人が恥ずかしいというよりも、周囲の人が同情的な視線になるのが嫌だということがあったりするのです。実際、そういう場面に遭遇したことがあります。ある展示会で車椅子のお年寄りが義足のランナーを見て「大丈夫なの？　かわいそうに」と本当に気の毒そうに言ったのです。ご自身は歩けないのにですよ。実際、足が人工物である状態を目の当たりにするとひどく痛々しいと感じる人はまだたくさんいます。それは手の場合でも同じです。多くの人が筋電義手（電動などで指を動かす機械式の義手）を使わずに、装飾義手（動かないが外観が実際の手にそっくりな義手）を使う理由の一つが、家族が機械の手を見たくないと感じていることが本人に伝わってしまうからだと聞きました。結果的にほとんどの片腕切断者は、本物に見せかけた動かない義手を装着して、片手だけで日常の作業をこなしている。つまり、周囲が機械然とした義手や義足を受け入れることができないために、結局本人も、義手や義足をあらわにしては暮らせないという状況になっています。

山中さんには、この状況を「もしかしたらデザインは変えられるのかもしれないと思った瞬間」があったという。それは、山中さんがある若いランナーのためにシルバーとピンクの競技用義足をデザインしたときのことだ。

山中　私たちは五年かけてパラリンピック日本代表の高桑早生《たかくわさき》選手の義足を開発してきました。私たちが開発した義足を使う前から、彼女は慶應義塾大学の競走部に所属し、健常者たちと一緒に陸上競技の練習をしていました。彼女自身は気にしないので、練習後に義足を外したり、調整したりを、仲間たちが見ている前でも平然とやるわけです。でも以前は、誰一人として、まるで義足が見えていないかのようにその話題に触れなかったというのです。つまり、競技や学業の話、おいしいものを食べに行く話など、いろいろな話をするのだけど、誰も義足の話だけはしないという状況だったそうです。ところが、私たちが作ったピンクと銀のスタイリッシュな義足を使うようになってから、「それって、どうやって固定されているの？」とか「左右重さが違うって、何か感じが違うのかな、やっぱり」とか、周囲が義足そのものを自然に話題にするようになったそうです。「それが、この義足にしてから一番変わったことであり、うれしいことです」と話していました。
それを聞いてから、デザインが周囲の意識を変える効果というのは、もしかしたら本人がそういったデザインを望んでいる以上に大きなことかもしれないと思うようになりました。それが義足をデザインすることの意味かなと。デザインというと、使っていて楽しいとか愛着を持っているとか、ユーザー自身のためのものとして考えてしまいがちですが、義足の場合はそれを他人がどう見るかについても、重要な意味を持つようなのです。

義足が「美しくあること」は、それを利用する人と他者とが関係性を結ぶことを可能にする。そのことを、日々義足の利用者と接する梅澤さんも肯定する。

梅澤　義足ばかり見ている私たちでさえ、そういうことがあります。例えば、臼井さんが「今日、はじめて来た患者さんだよ」といって、よくリハビリ室に人を連れてきてくれるのですが、その人が洗練された義足をつけていると、僕は「あっ、かっこいいですね」と言うんです。だけど、義足が合わなくてうちに作りにきた人が似合わない義足つけていると、やっぱりそのことには触れないですよね。「こんな義足つけて」とは言えません。やっぱり義足の洗練度が話題にしやすいかどうかに影響しているんです。私たちのような、義足ばかり見ている人間にとってもそれは同様だということですよね。だから、今の山中先生の言われたことは確かにそうだなと思います。義足がかっこいいと、その人とすぐ距離感が縮まるというのはあります。

山中　一つバリアを超えられますよね。

言ってみれば「デザイン」は、義足や義足を履いた人に対する他者の「まなざし」を「美しさ」を基点に転換する作用を持つのかもしれない。義足への「まなざし」は今、「かわいそう」から「かっこいい」へと転換しているようだ。ただし、と山中さんは注意を促す。

山中　よく、最近《かっこいい義足》とか報道されるようになると、「これがつけられるのだったら、ちょっと自分の足をこれに替えてもいいかなと思えるようなの、ありますよね」と無邪気に言う人がいますが、さすがにそれは言い過ぎです。人が、自分の足なり手なりを失うということは、もっとはるかに重大なことで、義足で走れるようになったということは、その喪失感を乗り越えた人たちですから。

そして、義足歩行のリハビリテーションを担う梅澤さんは、「美しく歩く」ということについて、次のように述べる。

梅澤　「何が美しいか」というのは、そもそも主観的なことですが、誰が見てもわかるかっこよさというのは、多分、その人を見たときに切断者かどうかというふうな空気が見えてこないときなんです。「あっ、この人、足、ないんだ」という感じが、前面に出てこないことといったらいいでしょうか。だから、僕の職業の役割としては、義足が義足に見えてこない歩きを可能にすることだと思うのです。

義足の身体を「見せる」ことと「隠す」ことが、繊細なバランスの上に成り立っていることがここには表れている。一方、大野さんは、「美しさ」や「かっこよさ」は、「選択肢」の一つなのではと言う。そうした選択肢の広がりはここ数年の出来事のようだ。

大野　これまでもきっと義足を「かっこよく見せたいな」と思っていた人もたくさんいたはずです。ただ、それを実現するための情報が多くは存在しませんでした。選択肢の幅が広くなかったのだと思います。一方で、「かっこよさ」を追求するのではなく、「リアルさ」を追求する人もたくさんいます。本物そっくりに美的に整った義足が欲しいという願望をほとんどの人は持っていると思います。そういう願望を持っていない人の中には「切断してしまったし、こんなものでしょ」ということでリアルさをあきらめている人も、もちろんいます。これは高齢の男性に多い印象があります。そういう、昔からあった、義足をかっこよく見せたいとか、スポーツにより特化した義足が欲しいといったさまざまなニーズを掘り起こせるようになったり、義足のバリエーションが増えてきたりという状況は、私がこの業界に入ったころと比べても、この数年で非常に顕著になってきているという実感があります。

◇義足を「作る」ということ

こうした選択肢が広がる傾向からは、義足が私たちの普段身につける服に近づいているようにも思える。しかし義足には、次のような特色もあるという。

臼井　例えばある人に素敵な柄で義足を作ったとき、別の人にそれと同じ柄を提案すると、その人はあまりいい顔をしないのです。自分と同じ柄の人がもう一人いると、そこには自分のためだけというのではない、既製品だという感覚が生まれてくるのです。つまり誰でも自分自身は世の中で唯一無二だという感覚は持っているので、他人と違う柄がいいとか、他人と同じであるなら、柄など何もないほうがいいと言うのです。その辺がなかなか難しい。出来合いのものを提案しても、それだけでは満足してもらえません。

それは、やはり「義足」が身体の代わりであるためだろうか。

臼井　そうですね。靴や洋服だと、たとえ電車の中で自分と同じものを他人が身に着けていたとしても、そういったことは可能性として往々にしてありえるということは誰もが想定し、受け入れていると思うのです。ただ、なぜそれを受け入れているかと言えば、それは違うシチュエーションでは違う洋服や靴を身に着けることができる可能性があるからだと思います。しかし、義肢や装具だと、自分自身の身体の一部のようなものですから、より自分のためだけのものを求めるという意識は強く存在するのだと思います。

「唯一無二」であることが重要な意味を持つという点は「義足」製作における課題でもある。

臼井　地球上に人間は七〇億人も存在していますが、まったく同じ身体は一つもありません。まずそれが基本的な事実としてあります。それは身体だけではなくて、義足や装具、例えばコルセットや靴の中敷きでも基本的には同じことだと思います。もう一つ、履く人の個性があります。この世に同じ個性の人は一人もいません。

大野　同じ人でも、日によって、成長の度合いによって、あるいは老化によって足の状態が変わっていくのも、義足製作の難しさとしてあります。人工物である義足自体はその人の身体の変化に合わせて変わってはいきません。それに加えて、その人の生活スタイルが変わってくると、義足に対するニーズも刻々と変わってくるわけです。

義肢装具士が日々直面するこの課題は、量産を目指してきたこれまでのモノづくりの形では対応することができない、いわばポスト近代産業にとっての「未解決」の課題でもある。

山中　本質的に、工業製品などといった近代産業の産物は、個別適合というのを諦めるところからスタートしています。量産品は、そもそも、ターゲットになる利用者層の平均的なステータスを想定して作られています。貴族のために職人が一つ一つオーダーメードで作って、庶民はそれを手に入れることができなかった近代以前のモノづくりに対して、「よくできたものをたくさんコピーして作れば、みんなが幸せになれる」というところから、産業革命と大量生産を背景にした近代のモノづくりはスタートしています。それはある種のユートピア思想だったのかもしれません。

でも大量生産の本質は、例えば、「サイズをS、M、Lの三つにするから、それにぴったり合う人はラッキーだけど、その中間の人は諦めてね」という、そういうモノの作り方なんです。ペットボトルの一番握りやすい寸法は一人一人違うはずですが、「まあ、この寸法にしとけば多くの人は使えるよね」というところで設計されています。そのサイズがぴったり合う人は実はごく一部の人だけで、実際には「大きい」と思ったり、「小さい」と思ったりしながら使っているわけですよね。一応、誰もが使えるけど、よく見ればほとんどの人にフィットしていない製品たち、それが、大量生産品なわけです。

その意味で、さきほど臼井さんが言われた、「一人一人違うから、本当は一人一人全部違うものを作る必要がある」ということは、近代産業が取りこぼしてきた繊細さを取り戻すための発言だと思います。まさに人の身体そのものはそのようにできているし、理想はそこにあると思います。そういったことの一端を実現するのが義肢装具士の仕事なわけですが、残念ながら義足も近代産業の流れから逃れることはできていません。お金持ちのために腕のいい職人が作っていたかつての義足は本当にその人のためだけのものでした。それが、第一次世界大戦で手足を失った傷病者が多く生じてしまい、その人たちを国家として補償することが必要になったときに、オットー・ボックという人が、アルミのフレームといくつかの標準化されたパーツを組み合わせたモジュラーシステムの義足を開発しました。ソケットの部分だけはそれぞれの人にぴったりフィットするものを職人が作るけれども、あとは量産のパーツの組み合わせで、ちょうどいい長さ大きさの義足が作れる、というシステムです。それが、世界の義足の標準となり、日本の義足もこのモジュラーシステムを採用しています。

このシステムは安価な義足の量産を可能にし、これはその反面、義足がそれぞれの人に完全にフィットしているとまでは言えない状況をもたらす一因となっています。一人一人に完璧にフィットする義足を作ろうと思ったら、すべてのパーツを一からオーダーメードで作る必要がありますが、そんなことをしたらコスト的にはまったく採算がとれないので、多くの人が仕方がなく我慢しているという状況にあります。またモジュラーシステムには、もう一つ困った点があります。それは外観が非常に無骨だということです。アルミのパイプと標準化された金属部品を組み合わせて作られる義足は、建築物の骨組みのように無骨で、人体に調和しているとは言いがたいのです。その結果、多くの人々に、とても痛々しい印象を与えてしまうのです。

現代において義足を作る、ということは近代思想が人の固有性に対して持つ限界を、どのように乗り越えるのかという問いにつながっている。このことは「デザインにとっても非常に重大な問題でもある」と、山中さんは言う。

山中　ここまでの話では近代デザインというものが何をしてきたかという問題を突きつけられている気もしますね。

「理想のデザイン」に対して、人の身体や生活が「理想のデザイン」にとっての障壁なのではなく、デザインの側に限界があるのだと、山中さんは続ける。

山中　前世紀の終わりごろから、ユニバーサルデザインやバリアフリーなどの概念が提唱されだしました。つまり近代産業が合理的になればなるほどそこから振り落とされるマイノリティがいることがはっきりしてきたので、それに対する補償や補完作業の必要性をデザイナーたちが感じはじめたのです。その流れのなかに現在の義足に対する考え方もあるはずなのですが、現実的にはまだ十分に対応できていないと思います。

人の身体や生活を出発点にする、という考え方はまさにポスト近代の思想と言える。「義足」は、このポスト近代思想に基づくモノづくりのあり方を考えるための素材でもある。

◇「義足」を作る人

しかし、どのようにかたちや作られ方が変化しても、「義足」が、足を失った人にとって再度獲得する「身体」であることは、これからも変わらないだろう。そして、「義足」を作る人が、そうした人のかたわらにいる存在であることも変わりはない。

大野　本当につらい喪失経験をして失意のどん底の中で、ようやく義足をつけて立ちました、しかし痛くて立っていることすらできない、となったときに、もう自分は走れない、と諦めてしまうこともあると思います。そんな時にもリハビリを通して、初歩的なことから、一日一日、何かできることを増やしていくことが大切だと思います。

義足を履いてからは、人は、日々ダイナミックに変化していきます。順調に進んでいたリハビリがある日突然うまく進まなくなったり、むしろ逆戻りしてしまったりすることもあります。それに伴って気持ちも上下を繰り返すのだと思います。そういうなかで今後どうやって自分と義足に向き合っていくかを考えていくとき、周りの家族や知人のサポートはもちろん、理学療法士の梅澤さんをはじめとする医療スタッフとか義肢装具士、理学療法士、ドクター、看護師とのつながり、同じ経験をしている義足の利用者の人たちとの交流というのが、すごく大事なポイントになってくると日々感じています。

梅澤　結局、私たちの仕事は、進化するテクノロジーの通訳なんですね。つまり、義足の利用者とテクノロジーをつなぐための最適な落としどころを見つけることが最大の目的です。そこの通訳がうまくいかないと、どんなにテクノロジーが洗練されていてもそれを活かせないし、逆に言えば、テクノロジーの水準が低いものでも人間のほうが適応できればうまく機能します。そういったいい具合の落としどころを見つけていく作業なんです。どれぐらいの期間をかけて、どういった道具を使い、どういった練習をすればこれぐらいうまくいくということを想定できる人が、義足を専門とする理学療法士として看板を掲げられる人なんじゃないかと思います。

山中　義足を必要とする人たちの気持ちが前向きになったとき、より洗練された義足が選択肢にあるという状況は、非常に重要だと思います。さまざまな面で丁寧にデザインを施していけば、そのことで少しでも、みなさんが前を向くのを後押しできることもあると思い続けながらやっています。現実にはまだまだ十分にやれているとはいいがたいのですが。

「義足」は、回復しようとする人の「身体」そのものでありながら、その人とその人を支える人の関係性を媒介するモノでもある。ただ一つの「理想の身体」を求めるのではなく、固有の身体を出発点として、それぞれの目指す「回復」の「落としどころ」の「通訳」となる、ということは、もしかするとポスト近代のモノづくりにとっても有意義な示唆なのかもしれない。

◇パラリンピックに期待すること

二〇二〇年に東京でパラリンピックが開催されることは、義足を作る環境にも大きな影響を与えると予想される。誘致活動では、臼井さんの担当する義足ランナー、佐藤真海選手が一躍有名になった。義足の製作者たちは、今、パラリンピックに何を期待するのかを尋ねてみた。

臼井　世の中がパラリンピックやオリンピックを意識するようになると、「パラリンピックに出たいから努力します」という人の数が増えてきます。そうすると障がいを持った人たちをサポートすることを希望する人が増えてくる可能性があります。まだ確かなことは言えないですが、義肢で走ることを希望する人が増えて、そのための義肢の需要が増大することは考えられます。上質な義肢とリハビリで対応することで、走れる人が増えるといった状況になるような気はします。

梅澤　私は競技人口が増えることが一番重要だと思います。あとは、せっかく東京でやるので、日本の企業が、やる気を出して、義肢製作に参入すれば、ドイツやアイスランドあたりの義肢の水準は多分すぐ抜くと思いますよ。でも「マーケットが小さいし、これでどれぐらい利益がでるのか」という話だけに終始してしまうと残念です。さっきの山中先生の話にも通じることですが。そこで仮に、ドイツが国家的にオットーボック社を支えたように、日本も国や行政に一肌脱いでもらって、「義肢製作に貢献する企業には補助金を出します」ぐらいの政策をやったら、トヨタとホンダのような日本を代表する企業が一気に非常に技術力の高い膝継手《ひざつぎて》を作るのではないかとか、そういった期待感はあります。

山中　作れますよね、それはね。

大野　それから、子どもたち用のスポーツ義足のパーツはほとんど製作されておらず、ほとんど選択肢がないという状況があります。そういう現状を日本の技術力を生かして改善してもらいたいと思っています。あとは、せっかく六年後にパラリンピックがあるので、国や自治体が積極的に制度を見直したり、補助を拡充したり、さまざまな企業に子どもたちが安全に使えるような義足パーツを開発してもらえれば、それを使う子たちが義足と親しんで、義足でスポーツをして、ひいては六年後にトップアスリートとして活躍するということもあるのではないかと思います。

パラリンピックは、あらゆる福祉用具を通して、日本の保有する技術を示す機会となり得る。同時に、パラリンピックは、世界や国内で、障がいのある人のおかれた環境を改善していく契機にもなるだろう。

臼井　去年（二〇一三年）、一〇月にマレーシアで開催されたアジアユースパラリンピックに帯同しました。そしたら想像よりも日本以外の国、東南アジアや中東を含めて、車椅子や義肢装具の技術が遅れているのです。二〇年前のパラリンピックからあまり進歩していないんです。若い人たちの義肢や車椅子の普及が遅れています。唯一日本だけが一〇年前、二〇年前と比べたらだいぶ進んでいて、義肢、車椅子を使った若い選手を大会に送り出しているのです。そういう意味では、日本はパラリンピックまでに、アジアでより先駆的な福祉社会を作っていけるのではないかと感じています。

　パラリンピックが、技術だけでなく、社会制度の上でも、日本の先駆性を示す場ともなることを期待したい。が、そのためにはまず、国内にいまだ存在する障がいのある身体に対する差別的な意識を変革する必要がある。

臼井　いまだ、「あんな格好で表を歩くのは考えられない」「義足でスポーツ、やってみたいけど、なかなかそういうサポートをしてくれる人がいない」「親が反対する」とか、現実には社会参加へのハードルがまだあります。たまたま鉄道弘済会の義肢装具サポートセンターは首都圏にあって、さまざまな情報を発信していますが、まだまだ障がいについての対応の仕方や考え方というのは、全国どこの地域でも同じ水準ではありません。サポートセンターがやっている情報発信が、少しずつ状況を変化させているのは感じていますが、まだまだ不十分です。

これを変えていくには、何が今必要なのだろうか。

臼井　学校でのさらなる教育は当然あります。「障がい者とはどういうものか」ということを、あまり考えてない。「障がい者はおとなしくしているのが無難だ」といった考え方はまだ根強くあると感じます。障がい者がスポーツに関わることが周囲に負担を与えると思われてしまう。そのため、学校で先生が、生徒のスポーツへの興味を育てるような方向でサポートすることができていない、という現状があります。要するに障がい者のスポーツ選手の育成が望ましいという考え方が盛んになってはいても、それに対応できる状況になっていません。特に地方ではその傾向が顕著です。そもそも地方は人が少ない、ということもあるのかもしれません。サポートする人が少なかったり、障がい者の親自身も敬遠してしまったり。東京には障がい者スポーツセンターが二個所あるのですが、地方では施設自体があまりありません。まったくない県さえあります。そう考えると、国の施策を含めて、いまだ不足している部分がたくさんあると思います。

場をつくって、意識を変え、子どもたちに可能性を提供していくということだろうか。

臼井　そうですね。それには、やっぱりまず情報発信が必要です。そのうえで、自分も参加してみようという意識の人を増やすための具体的な施策を考える必要があります。こういうディスカッションをする場面とか、イベントなども含まれると思います。

山中　ヘルスエンジェルス（臼井さんがつくった切断者を中心とした陸上競技チーム）の練習会の参加者や見学者が増えているのは、いいことですよね。

臼井　そうなんです。周りのスタッフには、「臼井さん、こんなに増えちゃって制御できないけど、どうするの」と心配されてもいます。

山中　前から参加している人はもっと気楽に、あまり見学者の多くない状況でやりたいと思うこともあるでしょうが、関心を持つ見学者がたくさん来ること自体は悪いことではないと思います。ロンドンパラリンピックでは、八万人のスタジアムが連日満員でした。日本での障がい者スポーツの競技会は、パラリンピック選考会みたいな大事な大会でも、観客はまばらなんて寂しいですよね。だから多くの人に関心を持ってもらえる状況をつくるというのが、まずは重要だと思います。

六年後、「義足」をつける人の選択肢がぐんと増えた社会で、美しく多様な義足の身体が活躍するのを、目のあたりにすることができるかもしれない。それは、ポスト近代以降模索されているモノづくりのあり方が、ここ日本において一歩前進する時でもあるのではないだろうか。

（構成：渡部麻衣子）

座談会を振り返って：人と技術の「あいだ」に立つ

渡部麻衣子

技術は、人によって作られるにもかかわらず、時に人が予期しなかったやり方で人に反撃を加える。技術の予期せぬ攻撃性を想定しなければならない状態とは、技術が人にとって「未知の他者」に等しくなっている状態である。この状態をいかにして打開し、人と技術の「調和」を築けるか、という問いは、技術と人をめぐる思考におけるテーマの一つである(1)。

義足において技術の攻撃性は、義足の身体への不適合という状態にわかりやすく現れる。義足の製作は、人に対する技術の攻撃性を制御することと不可分であり、その方法の一例は前章で示した通りだ。

ここでは、デザイン、製作、リハビリテーションという異なる領域で、人の身体と義足の「あいだ」を調整する仕事に携わる四人が、義足製作の現在と未来について語り合った座談会をまとめた。内容は多岐に及んだが、山中氏の言葉を借りれば「近代産業が取りこぼした繊細さに踏み込んでいる」という点で、方向性は一致していたと言える。

ここで語られた「近代産業が取りこぼした繊細さ」には、まず、「どんな人でも自分自身は世の中で一人なんだというのはみんな持っている」と臼井氏の表現した「身体の固有性」や、「同じ一人の中でも（中略）義足に対するニーズも刻々と変わってくる」と大野氏の表現した「生の一回性」に由来する義足へのニーズが含まれる。こうした、近代産業の切り捨ててきた「人の繊細さ」を、臼井氏や大野氏は、義足製作における重要な要素として捉えている。それは、彼らが、そうした「人の繊細さ」を前提としなければ、最終的に身体に適合した義足を製作することはできないということを、経験として知っているからだろう。

義足が身体に適合していない「不適合」という状態の中には、実際に身体を傷付ける状態と、義足が適合しているという「身体感覚」を本人が持てない、という状態とが含まれる。どちらの場合にも、せっかく作った義足が使われずに部屋の隅で埃をかぶる結果になる。この座談会の中心的なテーマであった「人の繊細さ」への配慮は、外傷という目に見える判断基準のない、後者の場合の「不適合」にどう対処するのかということと関わっているように思われる。

本人が、義足が適合しているという「身体感覚」を持てないという状態を便宜上単純化すると、「義足を好きになれない」、つまり「感覚的不適合」の状態と表現することができるだろう。臼井氏や大野氏が義足製作の重要な要素として提示した、生の「固有性」や「一回性」への配慮は、義足への感覚的適合状態を形成するために必要な前提である。

一方、山中氏は、「感覚的不適合」状態が、「本人が恥ずかしいというよりも、周りの人の目が同情した目になるのが嫌だ」ということのために生じるということを指摘している。これは、義足の「適合」を、本人の「身体」と「義足」のあいだのみに生じる状態としてではなく、他者との関係性の中に生じる状態として捉える立場である。そして山中氏の携わるデザインは、義足に対する肯定的な間

図１　ファッションショーでモデルをつとめた、アーティストの片山真理さん　写真：Eric Estournet
※片山さんと Estournet 氏のご好意で掲載させて頂きました。

主観性を形成することで、あるいは、梅澤氏の携わるリハビリテーションは、「義足が義足に見えてこない歩きを可能にする」ことで、間主観的な感覚的適合の達成を目指していると言える。山中氏が義足を「見せるもの」とし、梅澤氏が「見せないもの」とすることを目指しているという意味では、義足の感覚的適合状態に対する両氏のアプローチは各々の対極にある。しかし、山中氏が「義足の美しさ」を、梅澤氏が「義足歩行の美しさ」をそれぞれに目指しているということは、それがどのようなものであれ、「美しさ」は感覚的適合状態の重要な要素であるということを示している。

身体の美しさを志向することは、そもそも、異質な身体の排除とも関わっている。このことは「あんな格好で表を歩くのは考えられない」という、臼井氏の紹介した日本社会に存在する義足利用者への差別意識に端的に現れている。人の歩行機能を代替し利用者の社会参加を可能にする義足が、参加する社会において利用者に対する差別を生じさせるというパラドキシカルな状況は、義足への感覚的不適合の重要な要因である。しかし、この状況に、山中氏と梅澤氏は、それぞれに義足の身体の「美しさ」を志向することで働きかけ、変容をもたらそうとしている。特に山中氏の取り組みは、義足の身体が持つ独自の美しさをデザインすることを通して、異質な身体を異質なままに再定義し、差別する側が「バリアを越える」ことを促している。「美しさ」は「政治性」を持つ。あるいは、「技術の政治性」はその「美しさ」によっても可能とされると言うこともできるかもしれない。

障がいのある身体の「美しさ」あるいは「政治性」は、身体の固有性と一回性を基盤としている。近代産業の取りこぼしてきた、「標準化することなどできない」ということを前提とする「人の繊細さ」は、「美しさ」を基点として、近代への批判として機能し、技術を通して、社会における人の身体に対するパースペクティブの変容をもたらし得る。そして、この社会におけるパースペクティブの変容無しに、利用者が義足への「感覚的適合」に至ることはおそらくできない。

ここからは、人と技術の「調和」というものが、社会における人に対するパースペクティブの変容を必要とする、ということが示唆される。これは、具体的には、技術的合理主義に基づいて標準化された「人」の理念型から離れて、人を、一人一人固有で変容し続ける存在として捉え直すということを意味する。したがって、この義足の事例には、人が技術にとって〈未知の他者〉ではなくなることが、技術が人にとって〈未知の他者〉となっている現状を打開することにつながるということが示されていると言えるのではないだろうか。

注

(1) アンドリュー・フィーンバーグ『技術への問い』直江清隆訳、岩波書店、二〇〇四年、村田純一『技術の哲学』岩波書店、二〇〇九年

第2部

技術と環境をつなぐデザインの行方

第2部では、人と機械の関係が実際にどのような様相を呈しているのか、その具体例をいろいろ見ていくことにする。といっても羅列的なショーウィンドウではなく、「環境」をキーワードにした串ざしを目指している。人と外部環境の関係、機械がそこにどう関わってくるか、それをどうデザインするか、イノベーションのプロセスをどう管理するか、といった問題群である。

いずれの論考も、単に機械によって人間、あるいは環境の特性をパワーアップしようという単純なものではない。ある特定の状況における個別性と、機械をどう適合させていくか、論者たちの焦点はそこにある。第2部後半の議論は、機械を生産する際のイノベーションが中心テーマとなる。

最初に森武俊が、環境にいろいろなセンサーを埋め込んで、いわば環境をロボット化して、その中で暮らす人に役立てようという試みを紹介する。そこからは、センサー機器の特性といった技術的な問題もさることながら、「監視されるのが嫌な人たちにどう対応するか」とか、「ネガティブな健康情報を本人に返すことが本当に喜ばれることなのか」など、ある意味、生々しくも人間的な問題が浮かび上がってくる。「実は一番喜ばれるのは、利用者本人にせよ、家族にせよ、自分の生データを見て『ああ、こうだった』と振り返るときなんですよね」(130ページ)という森の述懐は、興味深い。人と機械の関係は、このような「実感」が伴って、はじめて良いものになっていくのだろう。

ウォーカビリティという、ちょっと聞き慣れない概念を中心に、人と街の空間との関係を考察するのが山田育穂である。これは、人が歩くことを促すようなデザインの街並みにすることで、人々の健康促進に役立てようという考えだ。肥満が切実な問題になっているアメリカならではの発想だが、日本では高齢者という別の側面からも考察する必要があることを山田は指摘している。

続いて中村雄祐が、デジタル・ネットワークの「リテラシー」概念について、コスタリカでのフィールドワーク時のエピソードなどを織り交ぜつつ、幅広く論じる。そもそも、デジタル情報にまつわる「リテラシー」をどのように定義すればいいのか。ここでは問題は二重に入り組んでいる。文字という人工物をどう理解するかという問題と、情報機器を使ってインターネット上で文字などの情報がやりとりされる状況をどう考えるかという問題と。しかし、ＳＮＳを自由に使いこなして自分たちの世界を広げて楽しんでいる人たちの姿からは、こんなややこしさを軽々と飛び越えて先に進んでしまうことができそうだという予兆も感じられて、ちょっと楽しい。

社会という環境は、機械によってどのように変わっていくのか？　そのひとつの例がファブラボだ。３Ｄプリンターを中心としたデジタル情報機器の工房を街中に立ち上げることで、周囲の人々のつながり、共同体のあり方が、ゆるやかに変わり始める。鎌倉ファブラボの田中浩也と渡辺ゆうかが、場づくりとしてのファブラボの意義と目指すところを語る。実はぼく（佐倉）は、第１部に登場する八谷さんからファブラボについて最初に聞いたとき、その面白さや意味がよく実感できなかった。己の至らなさを恥じるばかりだが、体感しないとわからない部分が大きいのも事実である。この章の文章と写真が、あの場の雰囲気の一旦でも伝えることができていれば、幸いである。

モノづくりにおいて重要なアクターは、企業である。澤田美奈子はエスノグラフィーの手法で顧客たちの深層心理を探り出し、それをもとにプロトタイプを作りながら試行錯誤していくことで、うわべだけをなぞるような既存のマーケティング調査では把握できない顧客のニーズを製品化する可能性を主張している。これらの「本音」を拾ってこそ、魅力的な製品開発ができるというのはその通りだろう。しかし一方で、そのような製品化が大量生産になじまないのも、澤田が指摘しているとおりだ。イノベーションは企業だけの問題ではない。社会が変わらなければ進まない。第１部最後の義足座談会で近代的大量生産モノづくりの限界が繰り返し話題に上っていたが、そこに通ずる指摘である。

日本のメーカーがかつての輝きを失って、すでに久しいが、出口は一向に見えない。化学メーカーに勤務していた網盛一郎は、画期的な発明を成し遂げたオムロンとソニーの成功例を分析し、いくつかのイノベーションを考察する中から、デザインが欠けていることが袋小路の原因だと指摘する。ここで言うデザインは、社会のデザイン、すなわち未来のビジョンを描くことも含んでいる。デザインの概念とデザイナーの役割を見直せ――これが彼のメッセージだ。

以上のラインナップから見えてくるのは、先を見通すことの重要性だ。それが実現するかどうかを予知することが大事なのではない。自分はどっちに向かって進んでいくかという、意志の問題である。その方向がぶれていなければ、その目的に沿った機械との関係を築くことができる。その一連の作業こそが人と機械の関係をデザインすることなのである。

（佐倉　統）

06　センサーと生活環境の行方

森　武俊
聞き手：網盛一郎／澤田美奈子／佐倉　統

──森先生は、部屋自体がロボットという「センサールーム」を研究されています。「センサーによって人がみまも（看護・見守）られる」ということを通じて、人のデータが機械に取得されること、人が機械に置き換わることなど、未来のビッグデータ社会／自動化社会における大きな問題を最先端で研究されている先生がどのようにお考えになっているのか、そこを探っていきたいと思います。まず初めに、先生が研究している「センシングルーム」についてお聞かせください。

森　「センシングルーム」は、ベッド・床・家具などにさまざまなセンサーを埋め込んで、居住者の行動を計測・蓄積していくというシステムです。要するに「部屋自体がロボット」みたいなものですね。蓄積したデータからその人の生活パターンや癖を分析して、居住者のサポートをおこなうことを目指しています。

今でも、自宅に設置したボタンを押したら、センターに控えているナースが「こんなことが起こっていそうだな」とか、場合によっては「これはいたずらみたいな押され方だから確認だけしよう」といった判断をして、そのお宅に電話を掛けたり、近隣の方に声を掛けたりするサービスはあります。まだ機械には「何が起きていそうか」「どういう対応をすべきか」という判断はできないので、ナースがその役割を担っているわけです。でももし、センシングルームによって居住者の生活パターンや行動パターンを把握できれば、そういう判断も可能になるだけでなく、ボタンを押す前に「先回りして」その人が必要な情報を提示するといったこともできるようになります。例えば、生活パターンがいつもと違っていれば、ボタンを押さなくても自動的に遠隔地にいる家族やかかりつけの病院に知らせることも可能になるわけです。

——すごいですね。でも住んでいる人の中には「行動を計測されるのは嫌」と感じる方もいらっしゃるんじゃないですか。

森　二〇年くらい前に「お宅にカメラを入れてモニタリングさせていただけませんか」と実際に一般の住宅にお願いしたことがあるんですが、もちろん誰も承諾してくれませんでした（笑）。自宅の中にカメラを設置して録画・モニタリングするなんて、何をやっているかが丸見えになるのだから当たり前なのですが、「じゃあ何だったら受け入れてもらえるか」と考えて次に始めたのが圧力センサーでした。寝たきりの人がいる部屋を想定して、圧力センサーを床やベッド、ソファの下に敷き詰め、圧力センサー以外にも家電製品のオン・オフや、引き出しの開け閉め、部屋に置いてあるものの位置

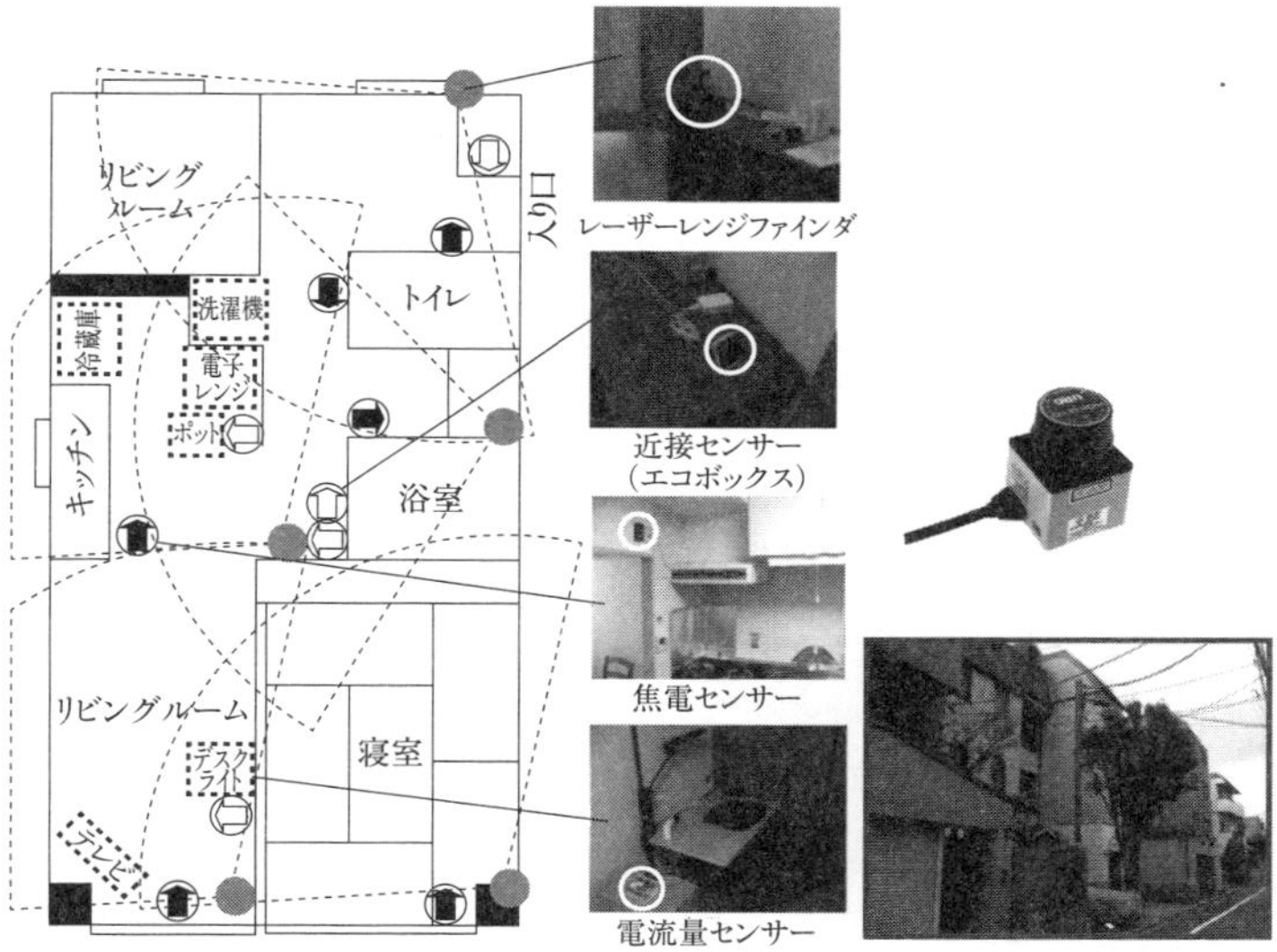

図1　センシングルームの例

などをセンシングしたんです[1]。

――なるほど、それならプライバシーもあまり気になりませんね。

森　センシングが受け入れられる度合いは人によって違い、その判断は難しいので、圧力センサーは使用するにはちょうどいい落としどころでした。でも実は、われわれは「モニタリングされても嫌だと感じないセンサーでシステムを作る」ということだけではなく、「実際にやってみたら、カメラなしでもここまでわかりますが、そんなにカメラが特別ですか」ということを世の中にわかってもらうことも目的にしていたんです。センサーによって人が何をやっているかを知ることで利便性が増すわけですから、人は自然とその利便性を求めていくことになります。そうすると、結局はカメラでなくても「わかって欲しくないこと」もかなりわかるようになってしまうデメリットもあるのです。ですから正直にそのデメリットを示して、「それができたら先回りの情報支援ができます」というデメリットを上回る利便性の向上につながる可能性があることを実践して示したというわけです。

――「圧力センサーくらいなら大丈夫」と考えちゃいますけど、結局はさまざまなことがわかってしまうんですね……。

森　われわれとしてはまずこれで「いろいろなことができるようになりましたよ」という利便性の向上は示すことができたと考えたので、次に「じゃあより具体的に何の役に立つのか」というフェーズに進み、「高齢者の見守り」に目的を絞りました。そして、その目的に適しているセンサーとして自動ドアにも使われている人感センサーを選択し、「どの部屋にいるか」「そこでどれくらい動いているか」という情報だけから高齢者の生活パターンをどの程度把握できるのかという実験を始めました。独立行政法人科学技術振興機構[2]（Japan Science and Technology Agency：JST）の支援で東大の本郷キャンパスの近くにアパートを借り、そこで学生さん二人にそれぞれ一年以上にわたって生活をしてもらい、彼らの重心位置が部屋のどこにあるかだけをずっとトラッキングしたんです。[3]

結果は、パターン化された行動を取る人とそうじゃない人の二つに分かれました。パターン化された行動を取る人は、いつもだいたい同じ時間に起きて、出かける前には大抵この戸棚の前に行くとか、寝る前は必ずこういうことをするとか、そのような傾向が明確にあらわれたんですが、もう一人は特にパターンがなくて、統計処理をしても、よく立ち止まる場所ぐらいは出てきますが、それ以上はわからなかったんです。ですから今のところ、単純にセンサーデータを貯めておくだけでは、人のモデル化は難しいという感触を持っています。

ただ、高齢者は長年培った一人一人特有の生活リズムというのを大抵お持ちですから、お宅の中で移動の軌跡の履歴を蓄積することまでできるとしたら，次はそろそろ昼食の準備をしそうだとか、夕方の買い物に出そうだとか、そろそろ就寝といったことがパターンから確率的に予測できるのではないかという感触も得られました。

――「人のデータを取得する」というと、最近ではウェアラブルデバイスが話題ですが、ユーザからすると、ウェアラブルにはつける／外すの選択権が自分にあるのに対し、設置型の場合は自分の側に選択権はないですよね。自分が選べるかどうかというのは、心理的には大きな要素のような気もするのですが、いかがでしょうか。

森　心理的には、確かに選択権が自分から奪われて、勝手にデータが取られているのを嫌だという気持ちはあると思います。でももし、その人が生まれたときから自分の家に設置型センサーがあるなら状況は違ってくるかもしれません。あるいはイギリスのように街中に多量の監視カメラがあれば、今なら顔認識技術が発達して容易に個人識別ができるわけですから、どの人がどこにいるかをずっと追跡するのも可能になっています。監視システムも安全安心という観点で社会的に許容されているわけです。つまり、プライバシーに対する感覚というものは時間や社会のニーズとともにだんだん変わっていくものだと思っています。

ではなぜわれわれが設置型を研究しているかというと、ウェアラブルだとお風呂に入るときに外さないといけない、外出するときに足首や手首にわざわざ巻く必要がある、頻繁に充電しなくてはならないといったことが、特に高齢者にとっては大変ですが、設置型ならそういう問題がないからです。つまり、高齢者にサービスを提供するためには現時点では設置型が最良の選択になると考えています。

――なるほど。でも現実には、すでにウェアラブルって流行していますよね。その点はどうお考えでしょうか。

森　私も、ウェアラブルの研究のためにさまざまなデバイスで半年から一年のあいだ身につけるということを何度も繰り返しています。ですが結局、わざわざ身につけても何もすることがなくて、例えば歩数がただ貯まっているだけだったりします。実際、身につけることを途中で辞めてしまう人の話もよく耳にしますが、今はまだウェアラブルが有用なサービスに十分結びついていないという感じがしています。その点設置型は、設備は大掛かりですが、例えば自宅でのナースコールサービスにしても、「何かあったらすぐに駆けつけてもらえる」というメリットが利用者に意識されやすいので、受け入れられやすいということがあるでしょう。

――これまで研究されてきて、利用者がメリットを感じている場面というのをどんなときにご覧になりましたか。

森　実は一番喜ばれるのは、利用者本人にせよ、家族にせよ、自分の生データを見て「ああ、こうだった」と振り返るときなんですよね。ダイエットも体重計の変化を見るだけで楽しいし、見ているだけでダイエットになるといったこともありますが、それに似ていると思います。そういうプラスのフィードバックが進んでいけば、自分のデータを提供することで、その見返りとして自分一人では得られないフィードバックを得たいとみんなが思うようになるんじゃないかなと期待しています。

多くの人のデータがあることで役立つ例はネットショッピングのレコメンド機能です。例えば、ある人がＳＦの本を買ったとき、同じものが好きな人はたぶん類似したものを好むだろうという知識を利用してレコメンドするサービスは、一人一人がデータを提供することで成立しています。

他にも似たものとして、「こみれぽ」[4]というアプリケーションがありますね。これは乗客が「今、私はこの路線に乗っています」「座れています」「五分遅れです」といった電車の混雑や遅延情報のデータを提供し、相互に共有するためだけのアプリなんです。でも例えば、山手線が止まっているという情報が大量に投稿されて、そこから自分がどの駅で乗ると何分後にどこに着きそうかというのがすぐにわかるんですね。しかも、電車会社の公式な発表よりもはるかに大量のデータがあるし、混雑情報も混んでいるときほどたくさんの情報が報告、収集されるので、データを解釈、判断するシステムを構築しなくても、そのデータさえあれば利用者が自分で「ああ、このまま乗っていたほうがいいのかな。それとも、副都心線に乗り換えたほうがいいのかな」と判断でき、有効に活用できるわけです。

ある利用者が自発的に上げたデータが他の利用者の役に立ち、自分も他の利用者から容易にメリットを得られるという点で、「こみれぽ」はセンサールームにとてもよく似ていると思います。今の私の関心である健康や医療のセンサーデータの場合、例えばある人の計測した心拍の履歴が心臓発作を起こした人の心拍の履歴と類似しているから、いずれこの人には心臓発作が起こる、と予測することができる可能性があります。そのような類似性から病気を推定できるかどうかはまだ十分には証明されていないので、今後さらなる検討が必要ですが、大量のデータがあって「それと同じようなことが起こったらさっさとお医者さんに行ったほうがいいよ」という類似性評価からの予測が可能であればセンサーデータによるサービスも可能になりますし、利用者もそのためにデータを提供しようと考えるようになっていくかもしれません。

――「こみれぽ」の場合は大勢の人が同じ電車で動いているからデータが塊で得られますけど、健康に関する場合には同じような症例と言えるデータを大量に得るのが難しくはありませんか。

森　確かに、予測可能性を担保するためには大量の症例と連動したセンサーデータが必要にもかかわらず、そのデータが不足しているのが現状です。そして、センサーデータを取ることをお願いしようと思っても、予測可能性が確実に保証されてはいないわけですから、役に立つかどうかもわからないのにデータ提供なんかしたくない……というふうになってしまいますね。

そもそも、利用者にとって、健康や医療について他人のセンサーデータとの類似から得られる情報というのは、「あなたは病気かもしれない」というマイナスのフィードバックなんです。たとえそれが予防に役立つとしてもやっぱり「本当にその情報が直接返ってきてうれしいですか？」と質問したら、みんなが「はい」と答えるかは疑問です。

――そうすると、センサールームはどういった形で社会に導入されていくのでしょうか。

森　私は現在医学部に所属していますが、医学ではふつう研究するときには必ず協力者の患者さんに研究内容の説明をしますが、そのときは大抵「あなたには直接お役に立ちませんが、人類にお役に立ちます」と伝えます。データの提供がフィードバックされるのは社会に対してであって、測定されている個人に直接お返しできるものではないことが多いんですよね。

言い換えると、受益者である社会、具体的には行政にはメリットがあると思います。あるいは病院や老人ホームなどの施設では、ナースや介護士の方にメリットがあります。例えば病院では、今はボタンが押されないとナースコールは鳴りませんが、センサールームによって「歩行中の転倒やベッドからの転落などの兆候が生じたときに、自動的にアラームを鳴らしてナースや介護士がサポートする」というようなことが可能になるでしょう。そういう明確な受益者がいるところにはセンサーシステムは必ず導入されていくと思います。そして、そうやってたくさんのデータが収集されたそのさらに先の未来で、データを提供する人に対しても予防などのサービスが提供できるようになると考えています。

――受益者ということで、ここに杉並区の八〇歳の方を対象にした調査があります。それによると、非常時には近所の人に助けてもらいたいという回答が六六・四パーセントぐらいいる一方、普段から常に見守っていてもらいたいのは五一・〇パーセントと少ないんですよね。

森　私もこういうことは、さまざまなところで話を聞く機会があるのですが、都会だとだいたいこんな感じですね。都会に住んでいる高齢者は同居否定型の人が多くて、二世帯住宅も玄関別タイプが主流です。これが地方に行くと、多世帯住宅で玄関共用が多いという印象を受けます。それと、見守りサービスは高齢者本人ではなく、家族、息子や娘など何かの都合で別居している家族が心配だということで必要とされているようです。自治体も何か起こると困るので、導入に必ずしも積極的でない高齢者本人ではなく家族に相談し、家族から導入を説得してもらうパターンが多いようです。つまりこのサービスのニーズは家族の側にあるんですね。

一方、すでにおこなわれている自宅でナースコールができるサービスでは、連絡先として誰を登録するかについて業者が高齢者本人に聞くと、一番多いのは近所の知り合いで、家族は最後のほうらしいです。ご本人は自立心がおありで「自分一人でやっていけるぞ」と考えていらっしゃるんですね。もちろん、近くにいる家族なら頼ると思うのですが、家族が遠方にしかいない場合は、もともとその状況を許容しているので、インターネットのように距離の影響のないシステムが介在しても、物理的な距離感を同じように保とうとしているのかなと感じています。

――高齢者本人と家族の関係の他にこういうサービスに関わる「人間」ということでは、ナースからの視点というのも関係してくるのでしょうか。

森　最近、髪の毛を洗うロボットがよくメディアに出ていますよね。ナースの方と話をする機会もたくさんあるのですが、ナースの仕事のほとんどは巡回・注射・排せつのケア・胃ろうのチューブ交換など、患者の反応がなかったり、あっても苦しそうにしたりする場面が多いそうなんです。そんな中で髪の毛を洗ってあげるというのは、患者の喜びの反応をナースがダイレクトに見られる数少ない機会の一つなんです。それが洗髪の作業をロボットに取られると、仕事上でそういった機会がほとんどなくなるので心配だということは耳にします。もちろんそれどころでない忙しいときには洗髪ロボットに助けて欲しいのだそうですけれども。

高齢者の見守りの場合、従来は訪問介護で介護従事者が直接的に高齢者と関わっていたのが、自宅でナースコールできるサービスによって、センターにいるナースと自宅にいる高齢者という、非直接的な関係に変わり、将来はわれわれのセンサールームによって、センターにいるナース自体の仕事がなくなっていくことになります。

おそらくこの話は、「ロボットのようなものを家の中に入れて意義のあることは何か」という議論につながるのだと思います。人には本来やって欲しいことをやってもらい、人ができないこと、例えば二四時間見守ることや、人ではとても持てない重いものを運ぶといったことをロボットがするといった役割分担をしたらいいと思います。

でも、「じゃあ人は結局何をするべきなのか」というとなかなか難しくて、今も自分では結論がでていないでその先のことはうまく言えないのですが、私が工学部から医学部に移った理由に少し関係があるのかなと思っています。医者やナース、介護の方に「あったらいいと思うロボットの要望を教えてください」と意見を聞くと、「ロボットのやるべきニーズがある」と感じることはときどきあります。でも、よく考えてみると、やっぱり「人のほうがいいかもしれないな」とも思うのです。「人かロボットか」どちらがよいか本来一人一人違うはずなんですが、研究では「そこに共通項があるだろう」と仮定しているんですね。

幸いここ数十年ぐらいの電子技術や、その上で動くソフトウエアのような情報技術の発達のおかげで、一人一人のニーズの違いに対応することがだんだんできるようになってきたのかもしれません。私は工学者なので、可能性がある限りその技術を広げる努力をして、将来は利用者が自分にあったものを自由に選択できるようにすればいいという立場なんです。

――森先生は、技術を使った新しいサービスに重きを置いているのか、それとも新しい技術によってできることを増やしていくことに重きを置いているのか、どちらですか。

森　それはシフトしたとお考えいただくのがいいと思います。工学部にいるときにはやりたいことをやって、「こういうようなことまでできるようになりました」「次はこういうことができるようになります」というのを示すのが仕事だと思っていたのですが、「それが実際に社会的に実装されていくのかな」と思うことはあるわけです。そのためにはより社会に近いところに寄り添っていく必要があって、研究をプロダクトあるいはサービスに結び付けていく必要があります。私の場合、健康関連データを収集するセンサーを研究しているため、当然ながら医療や予防に関係するサービスにつながる、医学部の人たちと実証実験をおこなう必要がある、とシフトしたわけです。

技術的な視点では、工学部にいたときよりも多少後退している点もあると思います。しかし、社会実装・デプロイメントの点では、技術的な進歩をただ追求すればよいのではなく、なによりもまず単純に個人個人にプラスのメリットがあるサービスモデルを提示する必要があります。将来、爆発的にそれを普及させるためには、もちろん技術サイドの開発も必要だけど、今はサービスの開発拡充に重きを置くようになってきています。

――人と機械の関係がこれからとても難しくなっていくのだろうという、そういう現場にいらっしゃる先生にとって、機械で自動化していくことをどのようにお考えになりますか。

森　自動化はどこまで進むか、と言われたら技術的にはどこまでも進むと考えています。倫理的な問題についても、結論が出るわけではありませんが、先に出たプライバシーの話と同じで、時間や社会のニーズの変化とともに変容していくので、技術的な変化よりは遅いかもしれないですが、やはり自動化はどこまでも進むんじゃないかなと思っています。自動車も、最初に世の中に出てきたときは、こんなのに乗ったら歩けなくなるといった反応も多かったと思いますが、今は誰もが利用するようになっているわけです。今も、車庫入れ・ブレーキング・オートクルーズ程度であれば社会的に許容されるだろうということで自動化は導入され始めていますし、自動運転だって話題に上り始めています。ですから、技術的に自動化はどこまでも進むだろうと考えていて、むしろ社会的にどこまで進む「べきか」については、その時代に応じた判断が必要なのでとても難しいと感じますね。

むしろ自動化がどこまで進む・進まないは、「自分に対してポジティブなフィードバックが返ってくるのが早いこと」を一つの判断基準として決まると思います。

――なるほど。最後に、先生にとって「人と機械の関係」とはどんなものでしょうか。

森　機械は人の下支え的なもの、人に尽くすものだと思っています。機械を友人やペットのように言う人もいますが、それには違和感があります。

——ルンバ(5)は、もともと自動で操縦できるから便利だったはずなのに、まずルンバを買った人は、ルンバが動きまわりやすいように家を掃除するんですよね。そしてルンバに名前をつけてすごく可愛がるっていう話を聞きますが、いかがですか。

森　それは、ロボットというよりも「ぬいぐるみ」という感覚なんだと思います。ぬいぐるみに話しかける人っていますよね。友人やペットとはまたちょっと違うのかなと。AIBO（アイボ）(6)もペットと言いつつ、私はやっぱりぬいぐるみだと思うんです。それは機械じゃなくてぬいぐるみ扱いをしているので、そのために機械性みたいなのが失われているのかなと。それも広い意味で機械だとしたら、確かにペットや友人に入るのかもしれないですが、私にその感覚はないですね。

——では、ヒューマノイドはいかがでしょうか。

森　大学で講義するときには、ヒューマノイドは三つあると言ってきました。

一つ目は、「機械を使う機械（ヒューマノイド）」という位置づけです。人間が使う道具を機械が使う場合や人間がいる環境で動くような機械を追求すると結局人型になるから、ヒューマノイドにはそういう「ユニバーサルな（どんな環境でも使える）機械」という側面があると考えられます。

二つ目は、「マイルストーン」です。例えば、自動車・飛行機・ロケットのように、その時代ごとの粋を集めた代表的な技術があって、その技術を突き詰めていくと周辺技術も進展するという現象があります。そして現代はロボット、特にヒューマノイドみたいなものがそれに当たっていて、たとえヒューマノイドが実現しなくても、周辺技術は発展していくことになるのでしょう。

三つ目は、「人を知る」という目的です。つまり、ヒューマノイドを作ろうとして、どうしてもクリアできないところがあれば、それがわかっていないところだというアプローチで人への理解を深めていくというものです。ヒューマノイド研究をやっていると、自然と人を研究するようになるんですよね。

でも正直に言うと、どれもそれぞれ研究者が研究の理由づけとして使っている気がして、私はどれも信じていません。だから、私はヒューマノイドの研究室の出身なんですが、「僕はヒューマノイドはやりません」と言っていつも先生に怒られていたんです（笑）。

注

（1）森武俊／野口博史／佐藤知正「センシングルーム：部屋型日常行動計測蓄積環境　第2世代ロボティックルーム」『日本ロボット学会誌』第二三巻第六号、二五―二九頁

（2）科学技術振興を目的として第四期科学技術基本計画の中核的実施機関として設立された文部科学省所管の独立行政法人。

（3）森武俊「生活支援のためのセンサデータマイニング：「みまもり工学」への展開」『電子情報通信学会誌』第九四巻第四号、二七六―二八一頁

（4）ナビタイムジャパンが提供する、電車混雑状況をユーザが投稿によって共有するコミュニケーションアプリ。スマートフォンから全国の路線や駅の混雑状況、電車の遅延・運休などの情報を投稿して情報共有する

だけでなく、Twitterでも状況共有できる。http://corporate.navitime.co.jp/service_jp/komirepo.html

（5）本書03注（3）を参照。

（6）一九九九年から二〇〇六年にかけてソニーから販売された、全長約三〇センチメートルの動物型ロボット。視覚・聴覚・触覚などのセンサーを有し、ある程度の自律行動をおこなう。https://www.sony.jp/products/Consumer/aibo/

07 歩きやすさと都市環境の行方

山田育穂

"Walkability"（ウォーカビリティ）という言葉を耳にされたことはあるだろうか。これは「歩く」の"walk"と「～できる」の"able"を組み合わせた造語"walkable"（ウォーカブル）の名詞形で、地域の歩きやすさを表す。"Obesogenic"（オブソジェニック）という言葉もある。これは「肥満の」の"obese"と「～に適した」の"genic"からなる「肥満を誘発する」という意味の形容詞で、主に"obesogenic environments"という形で使われる。

どちらもまだ日本ではほとんど馴染みのない言葉であるが、欧米諸国、特に深刻な肥満問題を抱えるアメリカやイギリスを中心に、国民レベルでの肥満解消・健康促進のための方策として注目されている概念である。肥満とそれに伴う健康問題が急速に拡大している国々では、個人的な努力や治療のみで肥満を解消するのは難しいと考えられるようになってきており、私たちが生活する都市空間の環境を変えることによって、食生活や運動習慣をより自然に、より負担の少ないかたちで改善できるようサポートしようという取り組みが登場しているのだ。

日本では肥満自体は欧米諸国ほど深刻な事態ではないが、他国に例を見ないスピードで進行する高齢化を背景に、高齢者を含む国民全体の健康維持・向上は緊急の課題である。一方で、私たちの多くが一度は経験したことがあるように、食事に気を使いスポーツクラブに通うなど、自らのライフスタイルを健康的なものへと変化させ、それを維持していくことはなかなか難しい。このような状況の中、都市環境から健康をサポートするというアプローチは、全ての住民に緩やかに働きかけるという点で、これからの日本社会においても活用が期待される。

そこで本章では、都市のウォーカビリティと生活の中で歩くことに着目して、人々の健康と環境との関連性を扱う研究を紹介する。

◇都市環境と健康

初対面の方に私の専門分野（空間情報科学、都市工学、地理学）をお話してから、肥満や健康について研究をしているというと、不思議そうな顔をされることが多い。しかしながら、人間の健康と環境との関連性を扱う研究は地理学においても古くから行われている。「医療地理学（medical geography）」と呼ばれるこの分野の起源は、医学を適切に学ぶためには気候や水質、食料、都市配置など人間を取り巻く環境をまず考慮すべきである（Hippocrates, circa B.C. 400）と説いた古代ギリシアの医師、ヒポクラテスにまで遡るとされる。

都市計画の分野でも、ゾーニング（建築・土地利用規制）が行われるようになった背景には、産業革命期のイギリスにおける都市の公衆衛生状態の急激な悪化とそれがもたらす健康問題があった。また防災・医療施設を含む都市施設を適切に空間配置して人々の命と安全を守ることは、都市計画の重要課題である。地理学や都市計画と深く関連しながら発達してきた空間情報科学においても、医療や健康は次第に重要なテーマとして広く認識されるようになってきている。

従来の医療地理学において、人体に影響を及ぼす環境としてまず考えられたのは、自然環境であった。主要な健康問題が感染症や栄養不足による疾病であった時代には、病原体やそれを媒介するカ・ハエ等の感染ベクタの生態系、農作物の生産環境などが、人々の健康の鍵を握っていたのである。しかし、先進国を先駆けとして、健康問題の中心が生活習慣病や慢性疾患へと遷移してくると、その複雑なリスク要因を理解し対処していくためには、自然環境だけでなく都市の物理的構造や社会構造などを含めた、様々な環境要因を考慮する必要が生じてくる。世界保健機構憲章（World Health Organization, 1948）において、健康が単に病気や虚弱でないことではなく、より包括的なものとして定義され、その概念が大きく広がったように、健康を取り巻く「環境」もまた、より広範に包括的に捉えられるようになってきた。医療地理学も最近では、病気や医療だけでなく健康問題全般を広く扱うという意味を込め、「健康地理学（health geography）」と呼ぶことが増えている。

◇アメリカの肥満問題と環境的アプローチ

アメリカでは、成人の約六五パーセントが肥満または体重過多（太り気味）と推定され、肥満は国家的な流行（エピデミック）状態であるとされる（Hedley et al. 2004）。ここでの肥満レベルはボディマス指数（Body Mass Index: BMI＝体重[kg]／(身長[m])^2）に基づいて定義され、ＢＭＩ30以上を肥満、ＢＭＩ25以上30未満を体重過多としている。日本ではＢＭＩ25以上で肥満とされ、最近の「国民健康・栄養調査」（厚生労働省、二〇一三）によると、全国平均の肥満率は男性で約二九パーセント、女性で約一九パーセントとアメリカの半分以下であるから、アメリカの状況の深刻さがうかがえる。

アメリカで肥満が社会問題として顕在化し始めたのは、一九九〇年代のことである。当初は、肥満の原因は個人の生活習慣であるとされ、その改善を促す施策や研究に対策の重点が置かれた。そして、運動指針や食生活指針が次々に発表されたが、国民レベルでの改善にはいまだ至っていない。また数十年という短期間で遺伝的要素が激変し、肥満の急増を促したとは考えにくい。こうした状況下で登場したのが、個人の枠組みを超えた生活環境、具体的には、就労機会の第三次産業へのシフト、自動車依存型の都市・社会構造、外食産業の台頭といった現代人を取り巻く様々な環境要因が、エネルギーの高摂取低消費状態を生み、肥満を誘発しているという考え方である（Hill & Peters, 1998）。最初に紹介した“obesogenic environments”（オブソジェニックな環境）は、こうした「肥満を誘発する環境」

を指す言葉である。

肥満の根本的な原因は、摂取エネルギーと消費エネルギーのアンバランス、つまり食事と身体活動量のアンバランスにある。街にはファストフード店が溢れ、電話一本で玄関先までピザが届けられる。一方で、オフィスで働く人々の身体活動量は農業従事者に比べて低く、また農業従事者であっても、農業機械の普及によって作業に係る身体活動量は減少した。さらに自動車中心の生活で、かつては生活の中に自然に含まれていた「歩く」という基本的な身体活動も激減している。オブソジェニックな環境という概念には、こうした環境では、人間自体に、怠惰になる、生物学的に体重増加しやすくなるなどの特別な変化がなくても、肥満者が増加してしまうのは必然であるという意味が込められている。

オブソジェニックな環境に関連する施策・研究は、主に食生活の環境を対象とするものと、身体活動の場である都市の物理的環境を扱うものとに分けられる。前者では、ファストフード店の立地規制や外食メニューのカロリー表示義務、衰退した中心市街地へのスーパーマーケット誘致、学校のカフェテリアのメニュー改善や清涼飲料の販売規制といった内容が主流で、時折日本のマスメディアにも取り上げられている。後者の主要テーマは、都市の歩行環境、つまりウォーカビリティであるが、こちらの日本での認知度はまだまだ低いようである。

◇都市のウォーカビリティと健康

エネルギー・バランスの天秤の一方である身体活動は、日常生活の中の活動、余暇的な活動、スポーツに大きく分けられる。この中で、都市ウォーカビリティの概念が重視するのは、日常生活の中の身体活動である。健康のために意識的に散歩に出掛ける、あるいはスポーツクラブに通って運動をするというのではなく、都市環境をウォーカブルに変化させることで日常の中の歩くという行為を促し、身体活動量を上げていこうというのが、ウォーカビリティ研究の目標なのである。

このように書いていても、日本の、特に都市部で生活をされている方にはピンとこないかもしれないので、恥を忍んで私自身の体験を挙げてみる。私はアメリカの大学院を卒業した後、そのまま数年間あちらの大学で働いていた。その頃から万歩計・活動量計は私の標準装備であったが、ある都市に住んでいた頃には、大学に行き講義をして自宅に戻っても、歩数が二〇〇〇歩程度ということがよくあった。一方、日本に住んでいる今は、通勤だけで片道二五〇〇～三〇〇〇歩と、厚生労働省の「二一世紀における国民健康づくり運動」、通称「健康日本二一」が推奨する女性の一日の目標歩数八三〇〇歩を概ね達成している。

この違いが何からきているのかと言えば、ずばり通勤手段である。現在は地下鉄通勤をしているが、アメリカでは自動車通勤で、玄関を出て数歩で車に乗り込み、オフィスのある大学ビルの正面の駐車場に止めるという生活をしていたのだから、歩かないのも当然と言える。私の「健康」も、言わずもがなの状態であった。

アメリカでは、ごく一部の大都市を除き公共交通の利便性は低く、歩道や横断歩道もあまり整備されていない。都市の郊外化により、住居と職場の距離も離れている。先ほどとは別の都市であるが、自宅近くの道路が九車線道路で、走らなくては青信号の間に渡りきれないこともあった。ガソリン価格が高騰した際、公共交通で通勤しようとしたが、車なら二五分程度のところが三倍以上の時間が掛かることが分かり、断念した記憶もある。また犯罪への不安から、徒歩や公共交通で出掛けることを好まない傾向も強い。まさに環境が歩くことを妨げているのだ。

人々の生活を便利にするために登場した自動車という機械が、都市の肥大化・郊外化を推し進めた結果、人々のライフスタイルは完全に自動車に依存しきったものとなってしまった。職場や学校、ショッピングセンターは自動車でなくてはアクセスできない距離にあり、便利なワンストップ・ショッピングは、自動車なしでは運べないほど一度に大量な買い物の機会を提供する。さらに自動車の利便性を中心に据えた都市計画は、歩行者の安全性や快適性を置き去りにしてきた。これが欧米諸国、そして日本の地方都市の現実である。

日常生活に歩くことを取り入れるのが困難となっている反面、その健康効果への期待は高い。前述の「健康日本二一」だけでなく、アメリカの公衆衛生局長官の談話（二〇一三）や、イギリスの保健省のレポート（二〇〇四）においても、日常の身体活動量を増加させる方策として、歩くことが推奨されている。年齢・性別・運動経験を問わず、多くの人が容易に取り組むことのできる身体活動であり、特別な用具や費用を必要としないという点で、歩くことは、国民レベルの健康対策として理想的な特徴を備えている。だからこそ、歩行環境の哀れな現状を打破し、都市をウォーカブルに変えていくことの意義が、今、注目されているのである。

◇ウォーカビリティの「３Ｄ」とウォーカビリティ指標

それでは、都市のウォーカビリティは、具体的にはどのようにして測定されるのだろうか。

歩くことをサポートする都市の物理的環境要素は、「ウォーカビリティの３Ｄ」として概念化される（Cervero & Kockelman, 1997）。三つの「Ｄ」とはそれぞれ、人口密度（population Density）、歩行者に優しいデザイン（pedestrian-friendly Design）、土地利用多様性（land use Diversity）の頭文字を指す。ある程度の人口集中は地域に活気をもたらすとともに、コンパクトで土地利用の混合した都市構造の形成につながる。多様な土地利用は、商店や郵便局など日常生活における目的地が近隣に多数存在する可能性を示し、自動車に頼らない徒歩中心の生活の機会を住民に与える。公共交通サービスも徒歩の目的地となり得るため、その充実は土地利用多様性と同様の効果を持つ。接続が良く、歩道や街路樹、街灯やベンチが整備された道路空間は、都市を歩くことを快適で安全、そして楽しいものにしてくれる。したがって、これら三つの「Ｄ」が集まることで、歩行を促すウォーカブルな環境ができる

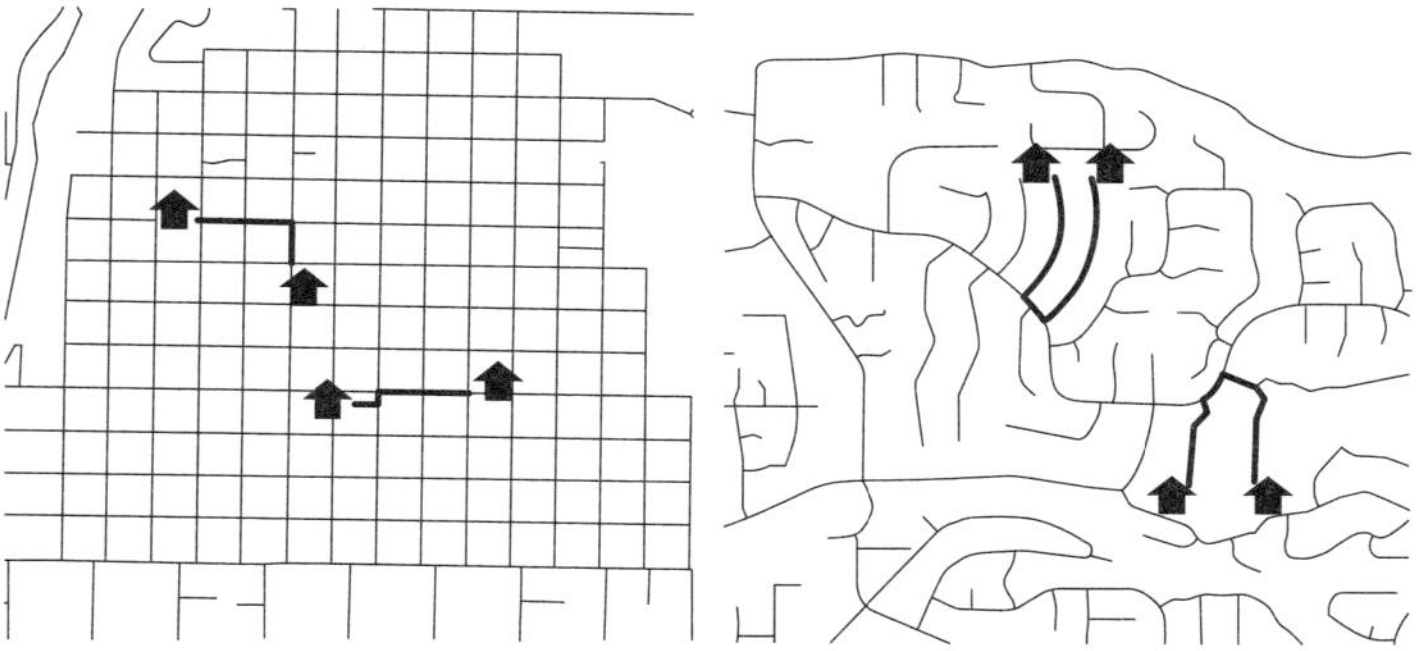

（a）道路の接続性が良く移動に便利な地域　（b）道路の接続性が悪く移動に不便な地域

図1　道路ネットワークの接続性

と考えられている。

例として、第二の「D」の一要素とされる道路の接続性を見てみよう。図1（a）のように道路が密に接続している地域では、地点間の移動が比較的短距離で済むのに対し、（b）のように行き止まりが多く接続が悪い地域では、空間的には近い地点であっても大きく回り道をしなくては到達できない。前者のような地域は、移動の利便性についてウォーカビリティが高い、後者のような地域はウォーカビリティが低いと言える。

ウォーカビリティの測定手法は多岐にわたるが、代表的なものとして、近隣歩行環境簡易質問紙（Abbreviated Neighborhood Environmental Walkability Scale: ANEWS; Cerin et al., 2006）、アーヴィン＝ミネソタ建造環境目録（Irvin Minnesota Inventory to Measure Built Environment: IMI; Day et al., 2006）、そして地理情報システム（Geographic Information Systems; GIS）を用いる方法がある。GISとは、空間に関するディジタル・データを扱うことに特化したコンピュータ・システムであり、ウェブサイトなどで見かける電子地図やスマートフォンなどのナヴィゲーション・システムの基礎にもなっている技術である。

ANEWSは近隣環境に関する五〇以上の質問からなる質問票で、回答者の近隣環境に対する主観的評価を測定する。IMIは約一六〇の調査項目を含む主に現地調査のための目録で、身体活動、特に歩くことに影響する可能性のある物理的環境要素を、調査員が判定する。GISを用いる方法では、ディジタル化された地図や衛星写真、土地利用データなどを基に、客観的にウォーカビリティ指標を算出する。ANEWSやIMIに比べて時間的・費用的な負担が小さく、既存のデータを利用して計量的にウォーカビリティが測定できることから、比較的広範な地域を扱う研究で活用されている。反面、ANEWSとIMIが3Dの何をどのように測るのかを明確に定めているのに対し、GISを用いる方法ではそれが個々の研究者の判断に委ねられるため、研究どうしの比較が困難である、データの利用可能性に依存するなどの問題点も指摘されている。

ウォーカビリティ指標を測定する際には、一般に、人々が日常生活を行う範囲を「近隣」と定め、それを空間単位とする。近隣の定義には、市区町村や国勢調査単位区など既存の地域区分を用いる場合と、個人の住居を起点に範囲を定める場合がある。後者の例として図2に、住居から直線距離x以内の範囲（円バッファ：図2の破線の円）と、道路に沿って距離xで到達できる範囲（ネットワーク近隣圏：図2の網掛の部分）を示す。どちらもGISによる測定方法で広く利用される。理論的には、現実世界の制約をより正確に反映するネットワーク近隣圏が望ましいとされるが、計算付加が高いため、

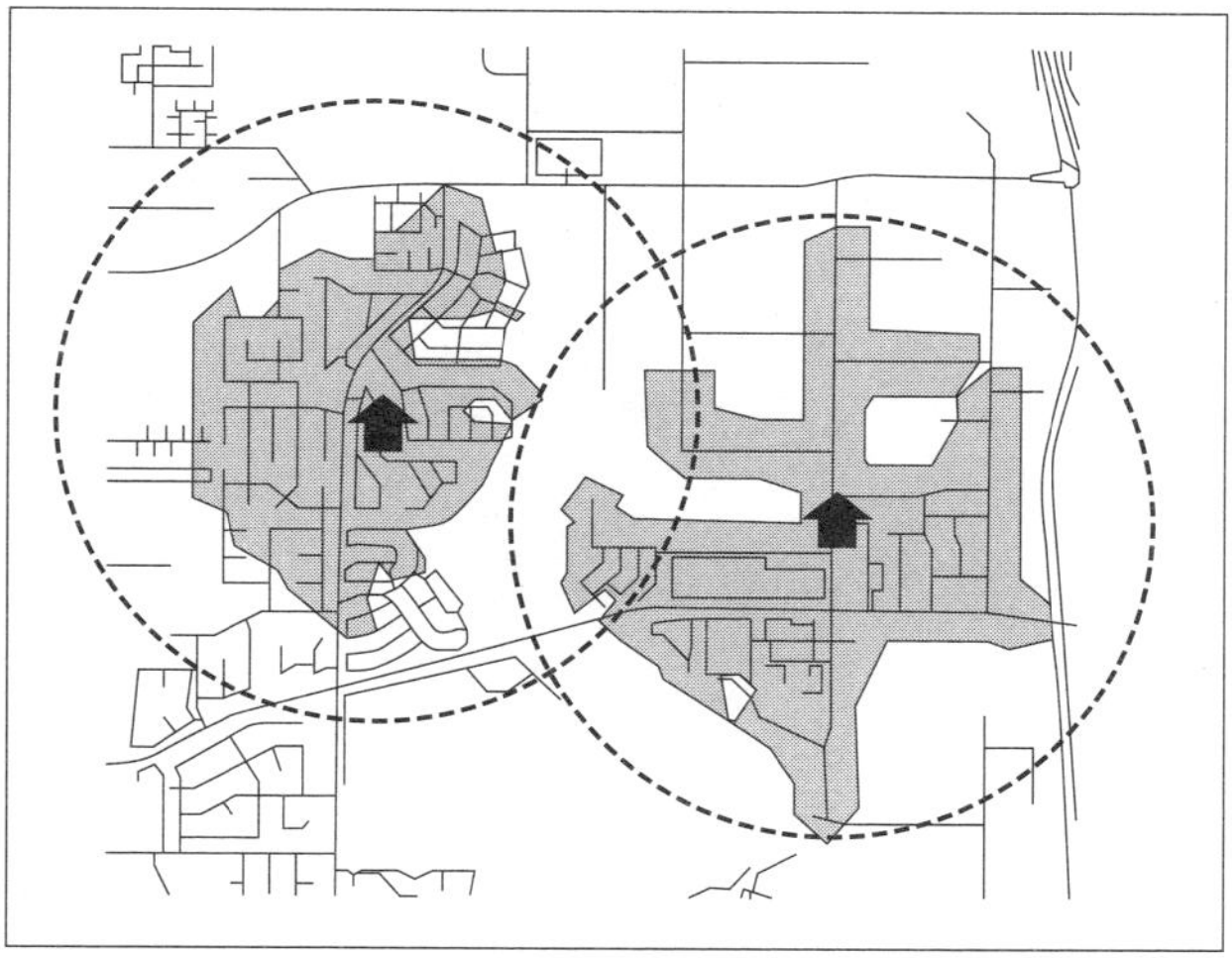

図2　住居を起点として形成される円バッファとネットワーク近隣圏

選択には注意を要する。

図3は、ユタ州ソルトレイク郡において約五〇〇〇人のサンプルに対し、xを一キロメートルとするネットワーク近隣圏を空間単位として、第三の「D」である土地利用多様性の指標を算出したものである。数値が大きいほど多様性が高いことを示す。

地図中央部のやや北側の多様性の高いエリアは、この地域の中心業務地区にあたる。様々な業務・商業施設に高層の共同住宅が混在し、住民にとっては歩いて行かれる目的地の多いウォーカブルな地域である。この中心業務地区を通り南北に走る幹線道路沿いには商業施設が建ち並んでいるが、道路を一本入れば住宅地であるので、この周辺もやはりウォーカビリティが高い。この幹線道路から東西に離れるにつれ住宅に特化した地域となるため、図3が示すように

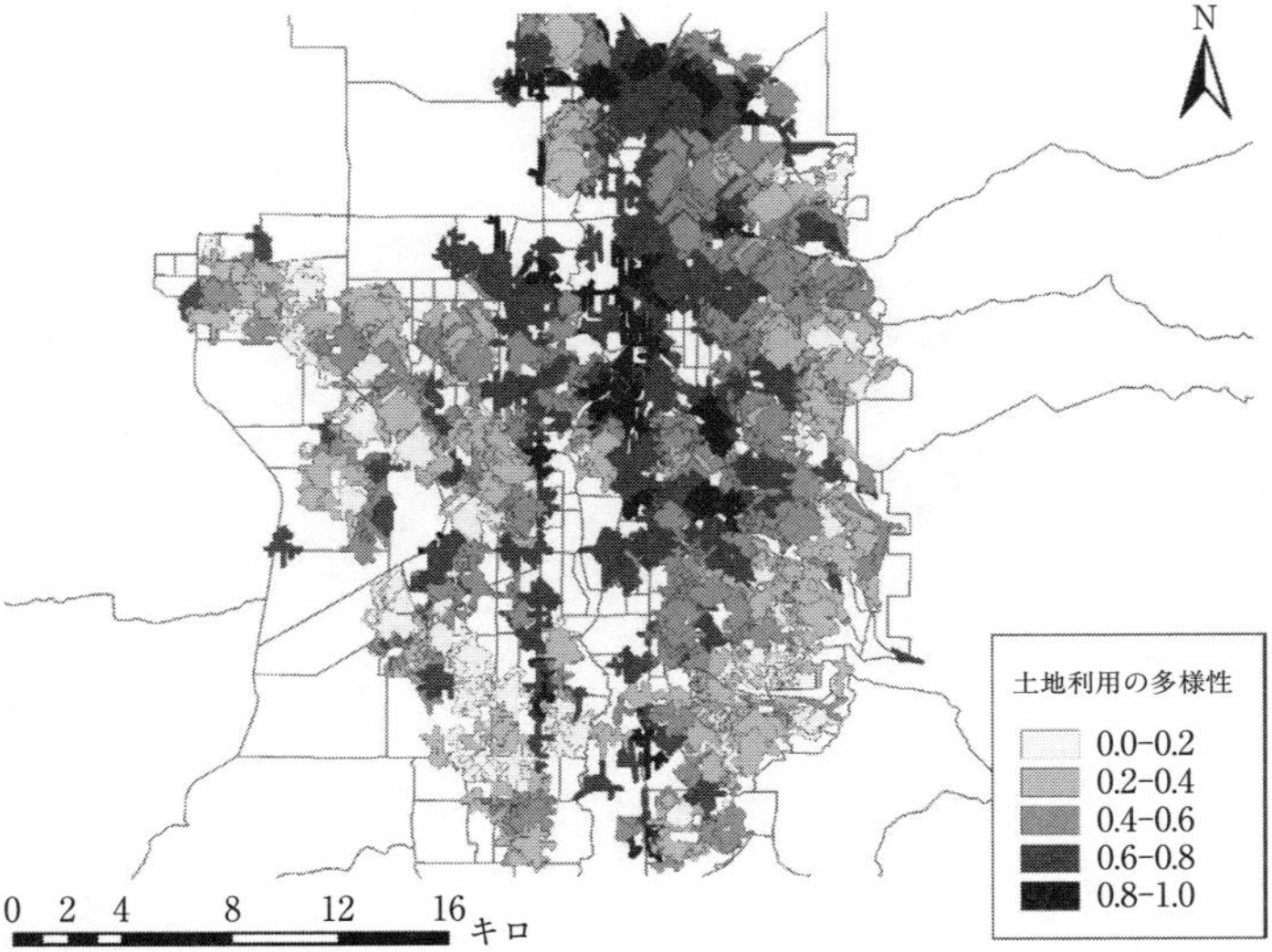

図３　ネットワーク近隣圏レベルの土地利用多様性指標
データ提供：Utah Automated Geographic Reference Center; The DIGIT Lab at the University of Utah

多様性が低く、歩いて行く目的地が少ないという意味でウォーカビリティは低い。ただし、住宅に特化した地域では歩道や植栽が整備されている場合もあり、第二の「D」である歩行者に優しいデザインに関しては、ウォーカビリティの評価が高い可能性もある。

現在のウォーカビリティ研究では、こうした指標を種々作成して、地域のウォーカビリティを総合的に評価するとともに、BMIなど住民の健康指標との関連性を統計的に解析するアプローチが主流である。ソルトレイク郡で行った研究では、一七のウォーカビリティ指標を調査し、その多くで住民のBMIとの間に有意な関係が見られた(Yamada et al., 2012)。

◇ウォーカビリティ研究の現状と問題点

これまで述べてきたように、肥満など、現代の健康問題に対する環境的なアプローチは、欧米諸国で高い関心を集めており、食生活と身体活動の両面から数多くの研究が行われてきている。数十から数百の研究論文をまとめたレヴュー論文や、それらをさらに体系的にまとめた書籍（例えばLake et al., 2010）も出版されている。数は少ないものの、日本をはじめアジア諸国における研究も見られるようになり、研究者の層も広がっている。

一方で、ウォーカビリティ研究に限ってみると、都市構造や道路施設など、食生活環境に比べて固定的で変更が困難な環境要素を扱っているために制約も多い。結果、多くの研究がウォーカビリティと肥満あるいは身体活動レベルの間に関連性を認めているにもかかわらず、その強度や方向性、個別のウォーカビリティ要素の影響などについては、いまだ一貫した知見が得られていない。住民の性別や年齢階層、対象地域の都市化レベルなどに応じて、関係性が変動することも知られている。

現在行われているウォーカビリティ研究の多くは、特定地域のウォーカビリティ指標と住民の健康状況の関連性を、ある一時点において調査する横断的研究であり、因果関係の解明は困難である。居住地選択のセルフ・セレクション・バイアスが生じている可能性があるため、ウォーカビリティと健康の間にポジティブな関連性が検出されたとしても、ウォーカビリティの高い環境が健康を促したのか、健康的な生活を好む人々がウォーカビリティの高い地域に住むのかを、区別することは難しい。

因果関係の追究には、縦断的（経年的）研究や社会実験が望まれるが、都市構造の変化に要する費用や時間を考えると、あまり現実的ではない。そのため、実際の都市開発プロジェクトを利用して、その前後で調査・比較を行う、擬似社会実験とも呼べる方法が取り入れられている。前述のソルトレイク郡では、路面電車の延伸に合わせて、歩行者レーン・自転車レーンを備え横断歩道を密にした道路を整備する“Complete Streets”（完璧な道路）プロジェクトが進行中であり、その前後で周辺住民の移動手段や歩数の変化、地域の歩行者量や流れの変化を調査する研究が行われている（Maffly, 2012）。他にも、新たな商業施設の立地や公共交通の導入、歩道や公園の整備といったプロジェクトは、ウォーカビリティの向上につながるため、こうした擬似社会実験の場となり得る。

また、ＧＩＳを用いてウォーカビリティ指標を算出する場合は特に、指標の選択や構築方法、近隣を定義する空間スケールなどの自由度が高いため、研究者の仮説や意図を反映した研究デザインが可能である反面、研究どうしの比較が困難なことも指摘されている。ウォーカビリティの影響についていまだ一貫した知見が得られていない一因は、この自由度の高さであると言える。

ウォーカビリティ研究を日本など、欧米諸国以外で行う際には、もう一つ注意を要する点がある。それは、ここで紹介してきたウォーカビリティの概念や指標は欧米の都市を対象とする研究から生まれたということである。道路や公共交通の整備状況、犯罪への不安レベルなどが全く異なる日本の都市環境に、欧米由来の指標をそのまま移植するのはリスクが高い。実際、加藤（二〇一二）は、他の歩行者や自転車との接触、歩道をふさぐような駐輪や立て看板など、欧米の研究では見られない環境要素が、東京に住む高齢者の外出を妨げる要因となっていることを明らかにした。今後は、各国特有の都市構造や社会的・文化的背景に配慮した適切な指標の整備が必要である。

本章では、人々を取り巻く生活環境の変化を通じて健康的なライフスタイルをサポートし、健康の維持・促進に貢献することを目標とする、健康問題への環境的なアプローチの一つとして、都市の歩きやすさ、ウォーカビリティの研究をご紹介した。最後に述べたように、現在のウォーカビリティ研究は、ウォーカビリティと健康の関連性を統計的に解析するステージに止まっており、現実の都市計画を動かすほどの流れには至っていない。

しかしながら、歩くことを促進するウォーカブルな都市は、自動車依存度を低下させエネルギー消費を抑えるエコロジカルな都市でもある。ウォーカビリティの概念の中には、コンパクト・シティのそれと共通する部分も多い。住民の健康だけでなく、資源・環境問題にも貢献できる可能性を秘めたウォーカブルな都市環境は、それぞれの面で弱点を抱える日本の都市にとって大きな希望となるだろう。今後はさらにエヴィデンスを積み重ねて、都市計画に活かしうる知見へと深め、強めていくことが、ウォーカビリティ研究者にとって喫緊の課題である。

引用・参照文献

Cerin, E., Saelens, B.E., Sallis, J.F. & Frank, L.D. (2006) "Neighborhood environment walkability scale: Validity and development of a short form." *Medicine and Science in Sports and Exercise*, 38(9), 1682–1691.

Cervero, R. & Kockelman K. (1997) "Travel demand and the 3Ds: Density, diversity, and design." *Transportation Research D-Transport and Environment*, 2(3), 199–219.

Day, K., Boarnet, M., Alfonzo, M. & Forsyth, A. (2006) "The Irvine-Minnesota inventory to measure built environments: Development." *American Journal of Preventive Medicine*, 30(2), 144–152.

Department of Health, UK (2004). "At least five a week: Evidence on the impact of physical activity and its relationship to health." The National Archives. http://webarchive.nationalarchives.gov.uk/+/www.dh.gov.uk/en/publicationsandstatistics/publications/publicationspolicyandguidance/dh_4080994. (Accessed 02/02/2014)

Hedley, A.A., Ogden, C.L., Johnson, C.L., Carroll, M.D., Curtin, L.R. & Flegal K.M. (2004) "Prevalence of overweight and obesity among U.S. children, adolescents, and adults, 1999–2002." *JAMA*, 291(23), 2847–2850.

Hill, J.O. & Peters, J.C. (1998) "Environmental contributions to the obesity epidemic," *Science*, 280(5368), 1371–1374.

Hippocrates (circa 400 B.C.). *On Airs, Waters, and Places.*

Lake, A.A., Townshend, T.G. & Alvanides, S. (2010) *Obesogenic environments: Complexities, perceptions and objective measures.* Wiley-Blackwell.

Maffly, B. (2012, August 23). "Will North Temple overhaul help residents get more exercise?" *The Salt Lake Tribune.* http://www.sltrib.com/sltrib/news/54718335-78/north-temple-brown-residents.html.csp. (Accessed 11/07/2013)

Office of the Surgeon General (2013). "Walking and walkability." SurgeonGeneral.gov. http://www.surgeon

general.gov/initiatives/walking/index.html.（Accessed 02/02/2014）

World Health Organization（1948）. *Constitution of the World Health Organization.*

Yamada, I., Brown, B.B., Smith, K.R., Zick, C.D., Kowaleski-Jones, L. & Fan, J.X.（2012）"Mixed land use and obesity: An empirical comparison of alternative land use measures and geographical scales." *The Professional Geographer*, 64(2), 157–177.

加藤寛泰（二〇一二）『駅周辺居住高齢者の近隣歩行を誘発・阻害する要素とその行動特性分析』東京大学大学院新領域創成科学研究科修士論文

厚生労働省（二〇〇〇）『21世紀における国民健康づくり運動（健康日本21）』 http://www1.mhlw.go.jp/topics/kenko21_11/top.html.（参照二〇一四年二月二日）

厚生労働省（二〇一三）『平成24年 国民健康・栄養調査　結果の概要』 http://www.mhlw.go.jp/stf/houdou/2r98520000020qbb.html.（参照二〇一四年二月二日）

08　デジタル・ネットワークと読み書きの行方

中村雄祐

◇はじめに：開発研究と人文学

人が道具と取り結ぶ関係は衣食住など局面によって様々だが、なかでも知的な関係として文書の読み書きがある。私は開発研究（Development Studies）、特に途上国の社会変化における文書・読み書きの役割をフィールド調査を通じて研究してきたが、現在の勤務先は日本でも最も古い大学の一つの人文系学部であり、同僚の多くは長い伝統を持つ人文学や人文系に近い社会科学の研究者である。

人文学と開発研究、両者は一見、かけ離れた研究領域である。人文学者が古《いにしえ》より読み継がれてきた文書を主たる研究対象としているのに対して、かつて「無文字社会」とも称された途上国の多くでは古くから伝わる文書は少なく、それらを読み解き生かしていくための社会の仕組みも脆弱である。それゆえ、一方の研究が書斎や文書館で文明の至宝とでもいうべき文書群を深く読み込み、その伝統の上に新たな知を書き足し更新していくのに対して、他方では、そもそも紙の使用量が極端に少なく読み込むべき文書も質的にも量的にも乏しい状況でフィールド調査中心で読み書きの研究を進めるという対照的な状況にある（たとえば、二〇〇〇年代前半の概算では、最貧国の一人当たり年間印刷筆記用紙＋新聞用紙の消費量は先進国の一〇〇〇分の一程度であった）（中村、二〇〇九ａ）。

とはいえ、二つの研究は基本的に文書という同じ道具をめぐる問題を論じている——つまり、読み書きについての読み書き——という点では共通している。しかも、途上国に普及しつつある文書群およびそれらに関わる制度・習慣の多くは、その歴史を遡ると植民地化や近代化という形で先進国の過去にその起源やモデルを持つ。それゆえ、もし私たちが途上国における読み書きの展開を分析し将来を展望するために歴史から学ぶという姿勢を貴ぶのであれば、先進国の人文学が培ってきた豊かな伝統から学びうることは少なくないはずである。たとえば、中世ヨーロッパにおける分かち書きの成立と黙読の関係（Saenger, 1997）、印刷物の信頼性と近代的な制度の相補性（Johns, 1998）など、想像力を働かせれば現代の途上国の読み書き問題にも切実な意味を持ちうる人文学の研究がいくつも見つかる。ただし、こうした考えには理想主義的な響きもある。人文学者から見れば、過去の異質な状況の考察から導き出された知見の断片を現代の途上国に投影するのは乱暴過ぎるであろうし、開発研究者にとっても不慣れな人文系の専門的議論を咀嚼した上でその応用を試みるというのは効率が悪過ぎるというのが現実的な判断であろう。実際のところ、私の知る限り、人文学者と開発研究者の間の交流はまれである。私自身、開発研究寄りの人間だが、身近に人文学の専門家がいるような職場でなければこのような視点から自分の研究課題を見てみようなどとはなかなか思わなかったであろう。総じて、これまで両者はしかるべき合理的な理由があって互いに縁遠い世界であり続けてきたといっていいだろう。

◇デジタル・ネットワークの二つの「辺境」

ところが、過去一〇年ほどの間に、両者の関係を大きく変えるような変化が起こってきた。表題に掲げたデジタル・ネットワークの世界的な普及である。まず、これまで紙文書の普及が遅れていた途上国では過去数年のうちに、携帯電話やスマートフォンの契約者数が急速に増えてきた（図1参照）。たとえば、モバイル機器によるインターネットアクセスは二〇〇五年にはほとんど存在していなかったが、二〇一三年末には世界のモバイル・ブロードバンド契約数が六八億件、つまり世界人口七〇億人に迫る数にすでに達していると推計されるという（ITU: International Telecommunication Union, 2013）。この動きに呼応するように、ＩＣＴ（Information and Communication Technology）を開発に活用する試みも急速に広がっている（International Institute for Communication and Development: IICD; ICT for Development.JP）。

他方、人文学者が研究する文書群はこれまでデジタル化やアルゴリズム的な処理が困難とされてきた。それでも一部の研究者による地道な研究が積み重ねられてきた結果、近年ではデジタル技術や情

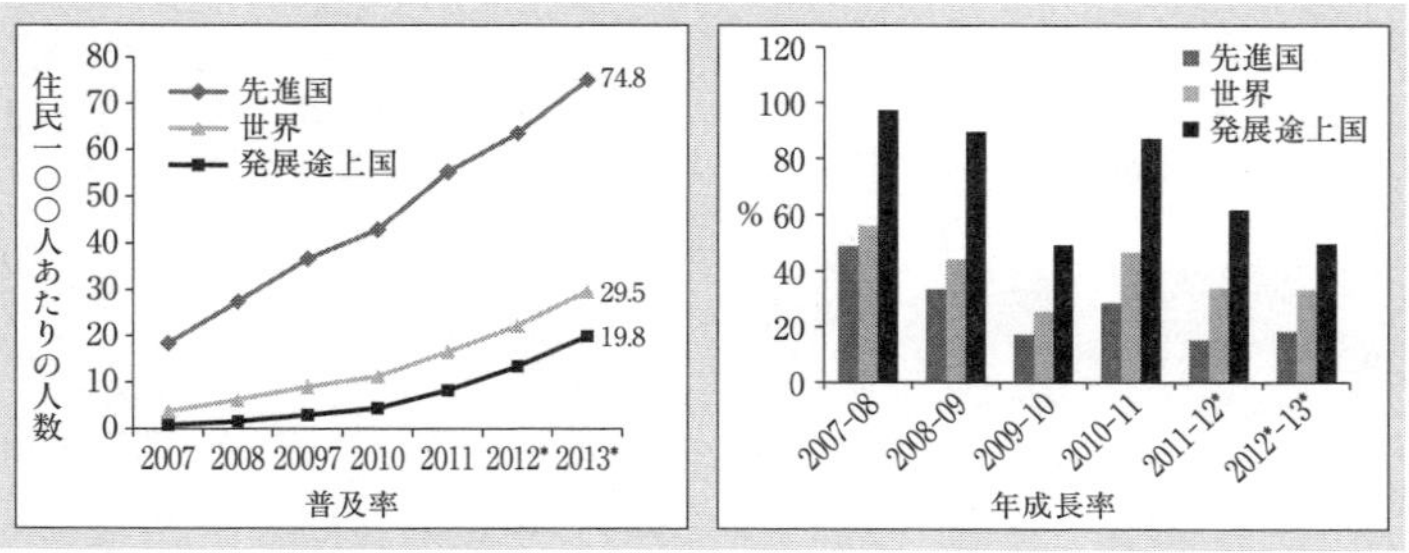

図1　2007-13年の住民100人あたりのアクティブ・モバイル・ブロードバンド契約数の変化（*は推計値）

出典：ITU World Telecommunication/ICT Indicators database.

報学に詳しくない研究者でも使いやすいツールが普及し、テキストデータの定量分析を試せる状況になってきた（Alliance of Digital Humanities Organizations: ADHO; Japanese Association for Digital Humanities: JADH; Text Encoding Initiative: TEI）。

実際には現場の生活・研究条件には大きな開きがあり、私には二つの世界は相変わらず異質と感じられるが、拡張し続けるデジタル・ネットワークにとってはいずれもアプローチ可能な「辺境、フロンティア」になり始めたということであろう。どちらの現場も同じような話題が出てきて、議論していても時々どちらの話をしているのかわからなくなる時がある。

もはや珍しくもない光景だが、途上国側から一つ例を挙げよう。二〇一三年九月、援助研究プロジェクトの調査チームの一員として中米コスタリカの山中の村を訪れた。一通り話を聞き、家や農地を見せてもらった後、集まった人々全員で記念撮影をしたのだが、村人の一人がスマートフォンを取り出しやはり一枚集合写真を撮ると、そのままSNSにアップロードし始めた。数日後、首都に戻ってホテルでインターネットに接続すると、友達申請が届いていた（つまり、私の方がネットワーク化は遅れていた）。当然のごとく友達申請を受け入れ、今では、研究室のPCのディスプレイ上で時折村の日常生活のスナップ写真を見かけ、たまには「いいね（Me gusta）」ボタンを押すようになった（つまり、私の方がずっと消極的である）。

◇読み書き、リテラシーとは何か？：道具の変質と問いの変質

こうして、先に紙文書に関して一つの理想論として述べた「どちらも基本的に同じ道具を使っているのだから、二つの世界を並べて考えてみよう」という発想が現実味を帯び始めることになる。しかし、この新しい読み書きを大きく進展させているのは、主に理工系の人々の営為を基盤として実現した計算機ネットワークに支援された環境・インターフェースであり、紙文書のそれとは様相が異なってきている。となると、当然、「計算機が間、しかもかなり重要な部分を取り持つ活動を『読み書き』と呼んでいいのか？」という疑問もわいてくる。

だが、振り返ってみれば、紙文書の読み書きについても時代や場所によってそれを支える技術的、社会的な条件は変化しており、「リテラシーとは何か」という問いに対しても議論百出ですっきりした統一見解などなかった（中村、二〇〇九b）。それゆえ、右の疑問もすぐに「どの紙の読み書き、リテラシーを基準とすべきか？」という問いにずれこんでいくことになる。それどころか、論争が決着

しないうちに肝心の道具が様変わりしてしまい、論争の環境までもが変質して今に至っているというのが私の実感である。ＩＣＴの場合、紙の場合以上にいろんな要素が相互につながり影響しあうところが問題をより複雑化している。特に、情報工学の世界では機械可読性や自然言語処理がすでにある程度実現しており、公共セクターやビジネスにおけるその具体的な活用の可能性が「オープン・データ」「ビッグ・データ」などの言葉とともに活発に議論されている（オープン・ナレッジ・ファウンデーション・ジャパン（OKFJ））。身近なところでも、ネット・ショッピングなど、自分の意向を先回りして選択肢が提示され後はクリックするだけといった経験は日常化している（クリックという指の動作がいらなくなると、もはや読み書きとは呼び難くなるかもしれない）。つまり、読み書きはすでに人間の独占的な営みではなくなりつつある。

こうして、当初の読み書きに関する問いは、「知性とは何か？　それは人間固有のものなのか？道具を使うことと知性の関係は？」など、より根源的な問いに行きつくことになる。デジタル・ネットワークの二つの「辺境」――あえて言えば「文明側の辺境」と「未開側の辺境」――の読み書きの変容と接合は、まさにこれらの問いが顕在化する現場となるであろう。このような問題の広がりを念頭に置きつつ、以下では途上国および開発研究における読み書きの変容についてさらに考察を進めていこう。

◇デジタル・リテラシーのモニタリング：ＩＤＩ　ＩＣＴ開発指標（Internet Development Index）

ＩＣＴの普及とともに世界がつながり始めていること。それ自体は日本に暮らしていても日々感じられることである。とはいえ、情報技術に関して全体的な状況はそのように展開しているとしても、日々の生活は相変わらず多様である。それゆえ、時間、空間を限定して微細な状況の精緻な分析にとりくむのがフィールド系の研究者の王道である。確かに、一つとして同じ人生はないように、「神は細部に宿る」はつねに一つの真理である。デジタル・ネットワーク化が進むからこそ、等身大のスケールの生活世界に焦点を合わせる実証研究の重要性も高まることになる。特に、ネットワークの「辺境」に位置する人々の営みを調べることは重要である……。

というように状況を整理してそれぞれの専門分野を棲み分けるのが従来のやり方であるが、微細な状況を定性的に深く追求するアプローチと大局的、定量的な視点とが両立する可能性がより開かれるのがデジタル・ネットワーク化が進む世界の面白さである。そこでは多くの事象はひとたび記録されれば膨大なデータ群がかたちづくる頻度分布のどこかに位置づけられ、定量的な評価を受けることになる。先の言葉をもじれば、「神は細部のみならず、分布にも宿る」ということになろうか。もちろん、評価の根拠として選ばれるデータのアクセス権、質や偏り、基準として想定される確率分布、計算過程や精度などなど、批判の余地はつねにある。だが、議論の趨勢は二つのアプローチの棲み分けの継続よりも、相互に浸透しあうより統合的なアプローチの追求へと向かうことになるだろうと私は予想している。フィールド調査者の立場からすると、現場に赴く際にも、自分がいる現場がデータ分布の中のどのあたりに位置づけられるのかをつねに意識するようになるだろうということである。実際、そのような動きはすでに始まっている。

デジタル・ネットワーク化の興味深いところは、その展開そのものをやはり同じ技術でモニターしやすいことである。従来、途上国ではガバナンスや技術水準の低さのゆえに信頼できる統計データを得にくいのが問題となっていたのだが、デジタル・ネットワークの広がりを契機に、国際機関が中心になってトレーニングやアドバイスなどのサポートも含めたモニタリング体制の構築が進められている。膨大な数のデータが集められ分析結果がインターネット上に公表されているが、私が注目する一般の人々のＩＣＴの読み書き、いわゆるデジタル・リテラシーという面で重要なのが、世界の情報社会化のモニター、特にデジタル・デバイドの監視を目的として国際電気通信連合（ＩＴＵ）が発表するＩＤＩ　ＩＣＴ開発指標（ICT Development Index）である。ＩＤＩは二〇〇九年以来、*Measuring Information Society* というタイトルの年次報告書中で、もう一つの指数ＩＣＴ価格バスケット（ICT Price Basket）とともにインターネット上に公開されている（ITU Measuring the Information Society）。

ＩＤＩの注目すべきところは、最初の公表以来その基本構想は変わらないものの、毎年参加国が増え、データや計算方法が修正されるのに合わせて、過去に公表された値も遡って修正されていることである。この発展途上のままに公開していくというデジタル時代ならではのダイナミックな性格を踏まえて、以下、指数値自体よりもむしろ国際機関という巨大な組織がどのようなやり方で人々のICTの読み書きを捉えているのかを見ていこう。

まず二〇〇九年報告書の第三章「背景と方法論」によれば、IDIの前提にあるのは、以下のような情報社会の三段階進化モデルである（図2参照）。

第一段階：ICTの整備。ネットワーク化されたインフラ、ICTへのアクセスのレベルを反映
第二段階：ICTの強度。社会におけるICTの使用のレベルを反映
第三段階：ICTの影響。効率的、効果的な使用の結果を反映

そして、この三段階モデルを踏まえて、次の三種類の下位指数に対応する指標を選ぶ必要があるとする。

・ICTインフラとアクセス
・ICT使用
・ICT技能

ただし、現状ではこれらすべてを定量的に測定することは困難である。まず、人々の生活にとって

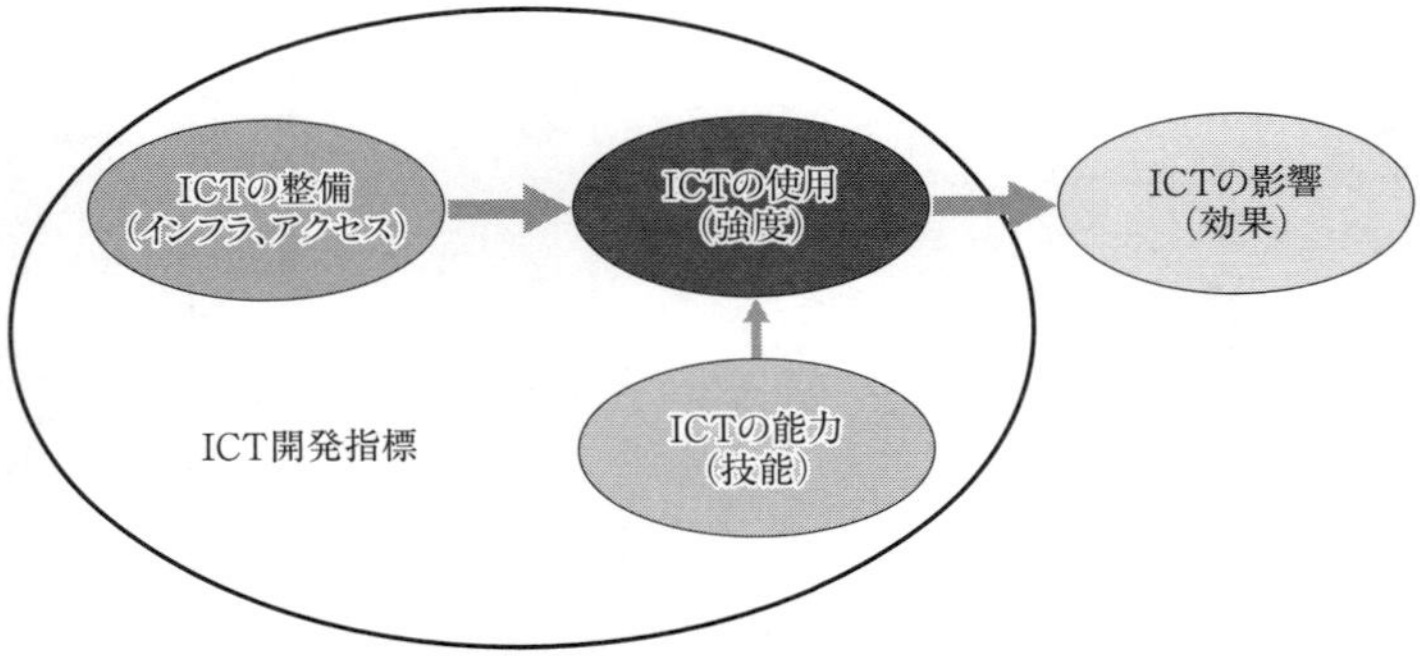

図2　情報社会化三段階進化モデルと IDI 三指標の関係

最も重要なのは第三段階の「影響」であるが、その評価は人々の評価に基づくゆえに定量的な把握が困難である。しかも、効率的かつ効果的な影響の実現はその前提として人々のＩＣＴ技能にかかっているが、そのための教育は未だ発展途上である。つまり、最終的な目標である後の段階ほど測定が困難になり、現状では指数化できるのは主に第一段階、第二段階に限られる、ということになる。また、この複雑な現象の進展を捉えるには特定の単独指標よりも複数の指標を統合した指数の方がふさわしいとして、現段階では以下の三つの指数にそれぞれ四〇パーセント、四〇パーセント、二〇パーセントの重み付けをしてＩＤＩを算出するという方法を採っている。二〇〇九年のＩＤＩは、将来変更することを見越しつつ、以下のように構成されていた。

アクセス下位指数 access sub-index（四〇パーセント）：一〇〇人あたりの固定電話契約数、同携帯電話契約数、インターネット使用者一人あたりの国際インターネット帯域幅、Ｐ

Cの世帯普及率、インターネットアクセスの世帯普及率

使用下位指数 use sub-index（四〇パーセント）：一〇〇人あたりのインターネット使用者数、同固定ブロードバンド契約者数、同モバイル・ブロードバンド契約数

技能下位指数 skill sub-index（二〇パーセント）：成人識字率、粗中等教育就学率、粗高等教育就学率

主なデータ・ソース

ICT関連：ITUによって各国政府から収集

教育関連：UNESCO 統計研究所

人口：国連人口部

（ITU 2009: chap.3）

その後、二〇一三年報告書までに大きく修正されたのは使用下位指数である。たとえば、携帯電話ビジネスや無線ブロードバンド接続の急速な進展と拡大を受けて、契約者数よりも契約数を重視するようになり、また通信速度等も反映させるよう修正がなされている（二〇一一年に一〇〇人あたりのアク

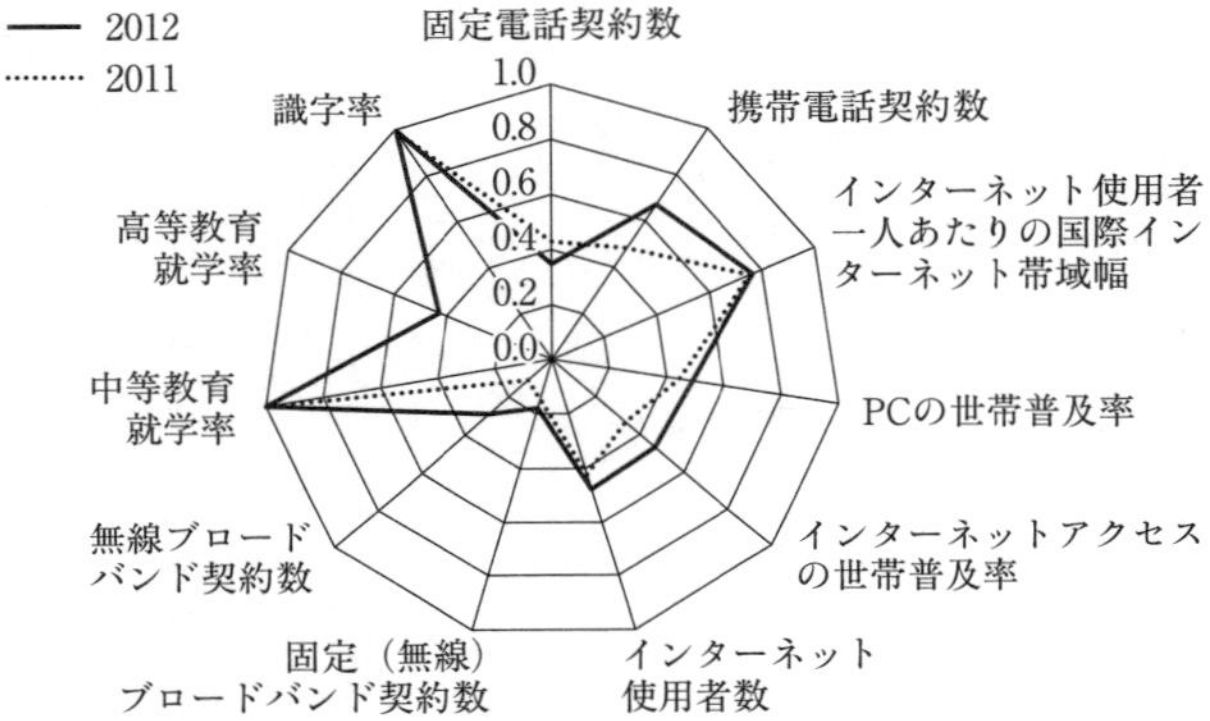

図3　コスタリカのIDI：2011年と2012年

ティブ・モバイル・ブロードバンド契約数として導入（ITU 2011）、その後二〇一三年に無線ブロードバンド契約に統合された（ITU 2013））。実際、通信量も考慮に入れて計算すると、先進国と低開発国の間のデジタル・デバイドは狭まるどころか指数関数的に拡大する傾向にある（ITU 2012: chap. 5）。

ちなみに、二〇一三年に訪問したコスタリカの最新のIDI値、IDI 2012は五・〇三、一五七カ国中六〇位となる（図3参照）。二〇一三年報告書によると、二〇〇九年のICT関連市場の自由化を契機に契約者が急増しているとのことである（ITU 2013: 30; cf. 山岡、二〇一四）。

◇紙とデジタル：指標の変化を考える

IDIを紙文書時代のリテラシー（識字）関連の国際統計と比べて興味深いのは、以下の点である。

まず、ICTへのアクセスと使用についてのデータを集めていること。紙文書の読み書きの場合、そもそも紙がなければ読み書きもできないにもかかわらずアクセスや使用に関する信頼できる統計データが乏しかった。それゆえ、どういう読み書き環境にあるのかを考慮に入れることなく、いきなり技能のみを比べていたのである。たとえて言えば、近くに海やプールがあるかどうかにかかわらず水泳の技能を比べるようなもので、ＩＤＩになぞらえるとおおよそ二〇パーセント分の情報量しかなかったということになる。それに比べて、アクセス・使用下位指数を加えることによって、そもそもどのような情報インフラ環境においてデジタルの読み書きがなされているのかを把握しやすくなる。たとえば、ＩＣＴ技能の値は高いにもかかわらずインフラ未整備のためにＩＤＩが低くなる国も出てくる（たとえば、キューバ：ITU 2010: 20)。ただし、わずか数年のうちに使用下位指数に関する計算方法が変わってしまったことからも明らかなように、国際比較が可能な良質なデータを揃えるのは容易なことではない。

第二に、技能下位指数については、就学率や成人識字率という前デジタル時代以来の指標を使っていることである。その理由を二〇〇九年報告書は以下のように述べている。

理想的にはこの下位指数は各国のＩＣＴ技能レベルを捉える指標を含むべきだが、多くの途上国ではそのようなデータは収集されていない。それゆえ、教育水準とリテラシーがそのよい代理変数となる。特に途上国の場合、教育水準が低い国が多く、そのことがコンピュータやインターネットの活用の大きな障害となっている可能性がある（中略）今後、学校カリキュラムへのＩＣＴの導入が進めば、就学は生徒のコンピュータやインターネットの経験を示す有効な代理指標となるだろう。さらに、将来、ＩＣＴ技能に関するより詳細なデータが手に入るようになれば（中略）、現行の代理指標にとって代わることになるだろう。（ITU 2009: 16）

続く二〇一〇年報告書によれば、UNESCO統計研究所によるＩＣＴ技能のパイロット調査が進行中とのことである（ITU 2010: 21）。しかしながら、これまでのところこの方針に変化はなく、最新の二〇一三年報告書まで、技能下位指数に関しては毎年以下のような説明が繰り返されるのみでデータの分析には踏み込んでいない。

技能下位指数は、必須の入力指標としてＩＣＴ能力（capacity）ないし技能（skill）を捉えるものである。ただし、ＩＣＴ技能に関するデータが入手できないため、成人識字率、粗中等教育就学率、粗高等教育就学率を代理指標として用いる。それゆえ、ほかの二つの下位指数に比べてより低い重み付けを与えている。（ITU 2013: 19）

アクセスと使用の下位指標が毎年のように見直され、データ分析にもそれぞれ数ページが割かれているのと対照的である。

この点に関して興味深いのは、一九九〇年以来すでに二〇年以上の蓄積を持つ代表的な開発関連指数「人間開発指数（HDI: Human Development Index）」との比較である。ＨＤＩは経済中心の開発パラダイムに対してより人間らしい社会の発展を提唱すべく、寿命、知識、生活水準の三つの側面に沿って計算されてきたが、当初は以下に示すように成人識字率を知識の実態を示す重要項目と位置付けていた（UNDP Human Development Reports）。

ＨＤＩの三つの構成要素（二〇一〇年まで）
寿命：平均余命
知識：成人識字率（2／3）＋平均就学年数（1／3）
生活水準：購買力平価ＰＰＰ
各下位指数について最大値と最小値を定め、0から1までの数値に換算し、その平均値として算出

しかしながら、ＨＤＩ二〇周年を機に、公正性の実現度をより反映させるべく、寿命、知識、生活水準という三つの柱は維持しつつも計算方法が抜本的に見直された（詳細は（国連開発計画（UNDP）、二〇一〇）を参照）。その際、成人識字率はＨＤＩの構成要素から外されてしまったのである。国連開発計画（UNDP）東京事務所のプレスリリースは、知識指数の新しい計算方針、その背景を以下のように述べている。

知識を得る機会に関しては、以下の二種類のデータを用いることにした。一つは、現在の成人がこれまでに受けた教育年数の平均。具体的には、二五歳以上の人が生涯を通じて受けた教育の平均年数を算出する。もう一つは、就学年齢の子供がその後の生涯で受けると予測される教育の年数。これは、いま就学開始年齢の子供の生涯を通じて、現在の年齢別就学率が変わらないと仮定した場合に、その子供が合計何年間の学校教育を受けられるかを予測した数字である。この二つの新しいデータを用いることにしたのは、多くの国、とりわけＨＤＩの成績が極めて良好な国々で、成人識字率と初・中・高等教育の総就学率が既にかなり高い水準に達しており、国ごとの状況の違いを浮き立たせる上で有用性が弱まってしまったからである。その点で、成人の平均教育年数と子供の通学予測年数は、旧来の指標以上に教育の本質を的確にとらえることができ、国ごとの状況の違いを明らかにする上でも優れている。また、新しい指標を導入したことにより、教育と就学状況に関する近年の変化も把握しやすくなった。ただし、以前の指標と同じく、新しい指標を用いても教育の質までは評価できない。（国連開発計画東京駐在事務所、二〇一〇）

実を言えば、成人識字率の信頼性が低いことはすでに指摘されており、何らかの改善がなされるのは時間の問題であった（中村、二〇〇九ａ：第1章）。この問題に対して、今回ＨＤＲは「リテラシー」なるものをより精緻に特定し計測するのではなく、現在の年齢別就学率が将来も変わらないという仮定を置いた上で、就学という総合的な経験の量に基づいて知識を推定する方向に転じた。その背景にあるのは、学校教育制度がほぼ世界中に普及し、標準化されたデータも蓄積されてきたという事実である。

話をＩＤＩに戻すと、ＩＴＵは世帯から学校、ビジネス、政府等、調査対象の範囲を広げており、また、アクセス・使用から技能へ、供給サイドから需要サイドへと測定の精度も上げつつある。『世帯と個人によるＩＣＴアクセスと使用の測定マニュアル』二〇一四年度版によると、世帯調査の項目に新たに「個人のＩＣＴ技能」というカテゴリーが設けられ（HH15）、九つの質問が加えられている。そのうち最も難易度の高い九番目の質問は「過去三か月の間に専門的なプログラミング言語を使ってコンピュータ・プログラムを書いたことがあるか」である（ITU 2014: 69）。また、今回は見送られたが、ＩＣＴセキュリティやオンライン上の青少年保護も将来項目に加わる可能性があるとのことであり、今後も目が離せない（ITU 2014: 132）。他方、このように世帯や学校のデジタル化に関するデータ収集が進みつつある現在、ＨＤＩが二〇一〇年に変更した教育年数中心の知識指数の計算方法を今後もそのまま維持するのか、という点も興味深いところである。

◇デジタル・ネットワークの中の読み書き

以上、ＩＴＵによるＩＤＩの測定方法を検討してきた。ＩＤＩを構成するのはＩＣＴに関する膨大なデータの一部でしかないが、それでもＩＤＩ関連だけでも大量のデータの体系的な蓄積が世界規模で進みつつあることがわかる。ただし、こうした展開は国際機関が先導してきたわけではない。むしろ、すでに民間主導でやや野放図なまでに世界中に広がり始めてしまったＩＣＴに対して、その使用の実態や影響の把握、特に負の影響の防止を目的とした後追いの組織的な努力である。

とりわけ印象的なのは、毎年過去の計算結果を修正していること、そして、今後も測定・計算方法を見直していくという方針である。「測る」「計算する」と聞くとつい何か具体的な数値を確定することと考えたくなるが、ここでは計算結果よりもむしろ「（再）計算できること」、そのための情報環境の継続的な整備に重きが置かれている。このような状況は先進国で日頃から大量のデータに接している人々にはすでに日常的であろうが、それが世界規模で実現しつつあるという現状は、長年主に途上国でフィールド調査を行ってきた研究者にとっては驚くべき変化である。いわば、フィールドで出会う現実のみならず、それを記したページも動き続けるという状況が現出しつつある。

今後、データ収集の精度が上がるにつれてより微細なレベルのデータも蓄積されていくと予想されるが、そこから何をどう分析そして可視化するかは、考えたいこと次第で様々な可能性が開かれることになる。逆に言えば、それらのデータに基づいて何を考えたいのかをより深く考える必要があるということでもある。それは読み書きという主題についても同様である。

認知科学さらには脳神経科学と、人の読み書きを成り立たせる諸要素の追究は今後も次第に途上国の住民も巻き込みつつ精緻化が進むであろう（Pica et al., 2004; Dehaene, 2009; Izard et al., 2011）。しかしながら、紙文書のリテラシーをめぐって様々な主張の対立があったのと同様に、ＩＣＴ技能ないし

「デジタル・リテラシー」についてもそれを何か一つの要素に特定しようとするとやはり甲論乙駁で収拾はつかないだろう。「読み書きが人の暮らしにいかに関わるか」という社会的な水準の複合的な問題については、ＩＣＴのような認知的人工物の介在を基本としつつ、経済、保健、環境等追究する問いに応じて選ばれた複数の要素から現れる創発的な相互作用パターンとして読み書きを——やはりＩＣＴを駆使しつつ——捉える方向に進むだろうと私は考えている。たとえば、もし分析の結果、主要要素間の相互作用に安定した好循環のパターンを見いだせないのであれば、ＩＣＴは活用されておらず、「デジタル・リテラシーのレベルは低い」という解釈になるだろう。

このような読み書きの分散認知性や創発性を重視する考え方自体は特に新しいものではなく、デジタル・ネットワーク化が本格化する前からあった（Hutchins, 1995; Nakamura & Hisamatsu, 2005; 中村、二〇〇九ａ）。しかし、世界規模でインフラ、使用、技能などより細分化され（再）計算も可能なデータの蓄積が進めば、おのずとフィールド調査も含めて研究のあり方も大きく変わることになる。当然、そこではパターンを認識する（あるいは認識し損ねる）のは人か機械か？　両者の関係は？　などの問いも重要性を増すだろう。そんな考えが現実味を帯びるほどに、世界のデジタル・ネットワーク化は進んでいる。

図４　スライド・プレゼンテーション「生活改善のイメージと言葉の共有――生活改善アプローチの進化のためのひとつのアイデア」（2013 年 9 月コスタリカ・サンホセ市、狐崎知己・中村雄祐）フロントページ　http://www.slideshare.net/ysknkmr/idea-evolucionemv2013-26495774

◇おわりに：動くページと深い読み書き

先に紹介した集合写真を現地の人がSNSにアップロードしたというコスタリカでの経験の続きを紹介して、この文章を終えよう。これは二週間ほどの調査の前半の出来事だったが、その後も、訪問先の村人、村落開発普及員、官僚、技術者、研究者、大学生など様々な人々との意見交換を重ねるうちに、私たち調査チームも滞在最終日までに考えをスライドにまとめて伝えようということになった。カウンターパートの普及員から過去の写真ファイルなども提供してもらい、さらにはスペイン語の表現もチェックしてもらった上で、帰る前日にホテルからインターネットにスライドをアップロードしSNS上で告知してから帰ってきた（図4、Kozaki & Nakamura, 2013）。

幸い、私たちのアイデアは関係機関も関心を持つところとなり、現在、コンピュータ・サイエンスの専門家の参加も得てシステム構築に向けた作業を進めている。世界の激変ぶり、特にICTの変化の速さと開放性を考えると、このアイデアがどのように展開していくのか予測が難しいところもあり、詳細については機会を改めて報告させていただきたい。ただ、どうなるにせよ、研究者も実務者も、そして受益者である住民も、それぞれの立ち位置でICTを使っていかざるをえないこと、そして、二〇世紀的な「文系対理系」、「基礎対応用」といった棲み分けでは歯が立たなくなることは覚悟しておきたい。それは技術革新を一つの契機とするより高い理想に向けた困難な道のりであるが、デジタル・ネットワーク化された動くページにふさわしい深い読み書きを鍛えていく過程でもあり、人文系の展開ともどこかで交錯することになるだろう。そして、その過程で社会開発に関するデータ群の間に好循環のパターンを見いだせるようになれば、「このプロジェクト（に関わる人々）はデジタル・リテラシー・レベルが高い（あるいは深い？）」という評価を受けることもできるのではないだろうか。そんな目標を立てながら読み書きの近未来について考えている。

引用・参照文献、ホームページ、スライド

Alliance of Digital Humanities Organizations (ADHO). http://adho.org/, accessed April 13, 2014.

Dehaene, Stanislas (2009) *Reading in the Brain: The New Science of How We Read.* Penguin.

Hutchins, Edwin (1995) *Cognition in the Wild.* MIT Press.

ICT for Development.JP. http://ict4djapan.wordpress.com/, accessed August 21, 2012.

International Institute for Communication and Development (IICD). http://www.iicd.org/, accessed April 13, 2014.

International Telecommunication Union (ITU), Measuring the Information Society. http://www.itu.int/ITU-D/ict/publications/idi/index.html, accessed August 21, 2012.

2009 *Measuring Information Society* 2009.

2010 *Measuring Information Society* 2010.

2011 *Measuring Information Society* 2011.

2012 *Measuring Information Society* 2012.

2013 *Measuring Information Society* 2013.

2014 *Manual for Measuring ICT Access and Use by Households and Individuals.*

Izard, Véronique, Pierre Pica, Elizabeth S. Spelke, and Stanislas Dehaene (2011) "Flexible Intuitions of Euclidean Geometry in an Amazonian Indigene Group," *Proceedings of the National Academy of Sciences* 108 (24): 9782–9787.

Japanese Association for Digital Humanities (JADH). http://www.jadh.org/, accessed April 13, 2014.

Johns, Adrian (1998) *The Nature of the Book: Print and Knowledge in the Making.* University of Chicago Press.

Kozaki, Tomomi, and Yusuke Nakamura (2013) "Compartir Imágenes y Palabras sobre Mejoramiento de Vida-Una Idea para la Evolución del Enfoque del Mejoramiento de Vida". http://www.slideshare.net/ysknkmr/

idea-evolucionemv2013-26495774, accessed September 25, 2013.

Nakamura, Yusuke, and Yoshiaki Hisamatsu（2005）"Documentos para Tejedoras: Practicas del Manejo del Documento en un Taller de Artesanía para las Mujeres Bilingües (Sucre, Bolivia)". in *Usos del Documento y Cambios Sociaes en la Historia de Bolivia*（*Senri Ethnological Studies*, 68）: 97–132. Osaka: National Museum of Ethnology.

Pica, Pierre, Cathy Lemer, Véronique Izard, and Stanislas Dehaene（2004）"Exact and Approximate Arithmetic in an Amazonian Indigene Group", *Science* 306（5695）: 499–503.

Saenger, Paul（1997）*Space Between Words: The Origins of Silent Reading*. Stanford University Press.

Text Encoding Initiative（TEI）. http://www.tei-c.org/index.xml, accessed October 3, 2012.

United Nations Development Program（UNDP）. *Human Development Reports*. http://hdr.undp.org/en/, accessed January 17, 2013.

オープン・ナレッジ・ファウンデーション・ジャパン（OKFJ）. http://okfn.jp/, accessed August 5, 2013.

国連開発計画（UNDP）（二〇一〇）『人間開発報告２０１０　持続可能性と公平性――より良い未来をすべての人に』阪急コミュニケーションズ

国連開発計画東京駐在事務所（二〇一〇）「人間開発報告書２０１０における総合指数の解説資料」国連開発計画東京駐在事務所 http://www.undp.or.jp/hdr/pdf/release/101109_03.pdf, accessed April 7, 2014.

中村雄祐（二〇〇九ａ）『生きるための読み書き：発展途上国のリテラシー問題』みすず書房

中村雄祐（二〇〇九ｂ）「リテラシー・スタディーズの展開」、齊藤晃編『テクストと人文学：知の土台を解剖する』人文書院

山岡加奈子編（二〇一四）『岐路に立つコスタリカ：新自由主義か社会民主主義か』アジア経済研究所

09

デジタルファブリケーションとコミュニティの行方

田中浩也／渡辺ゆうか
聞き手：網盛一郎／佐倉　統／澤田美奈子

図1　ファブラボ鎌倉の外観（ファブラボ鎌倉提供）

ファブラボとは、3Dプリンターやレーザーカッターなどのデジタル工作機械の普及によって実現される「新しいものづくり」の可能性を、そこに集う多様な方々と共同で開拓していくための実験工房だ。マサチューセッツ工科大学（MIT）・センター・フォー・ビット・アンド・アトムズでおこなわれていた研究のアウトリーチ活動から始まったもので、現在は世界五〇カ国以上に広がる地球規模のネットワークになっている。

図２　「押すと LED が光る」手芸作品（ファブラボ鎌倉提供）

ファブラボ鎌倉（神奈川県鎌倉市扇ガ谷一―一〇―六、http://www.fablabkamakura.com/）は、東アジア初の公式ファブラボで、最先端の３Ｄプリンターのような「デジタル感」とはかけ離れた一二五年前の元酒蔵「結の蔵」を活動の拠点にしている。木のぬくもりのある工房で創られる「新しいファブリケーションの世界」に触れてみよう。

◇ファブラボ鎌倉を見てみよう

結の蔵の中は二階建てで、１Ｆには大きなテーブルと壁側にレーザーカッターと３Ｄプリンターが鎮座している。見学といいながらも、早速「機械を使ってみましょう」ということに。この、何とも気軽な感じが心地よい。

続いて２Ｆに上がると、そこは秘密基地感あふれる作業場。作業台にはまず、小型のカッティングプロッター、隣にはハンダゴテが並び、さらに奥にはミシンが……。出てきたのは六歳の女の子がつくったという「押すとＬＥＤが光る」手芸作品。

導電性の糸を使ってつくったんだそうだ。

ファブラボ鎌倉の中を見ていると、何となく「自分でもやれそう」と思ってしまうから不思議。そしてそれは決して「何となく」ではなく、ちゃんとそのように意図されていたんだということが、ファブラボの活動をうかがってみてわかることになる。

◇ファブラボ鎌倉について聞いてみよう

日本にもファブラボをつくろうと、二〇一〇年春に慶應義塾大学環境情報学部の田中浩也准教授らが立ち上げたのがファブラボ・ジャパン（現在はファブラボ・ジャパン・ネットワーク［fablabjapan.org］）である。そして翌二〇一一年、鎌倉とつくばに日本最初のファブラボがオープンした。その田中さんとファブラボ鎌倉代表の渡辺ゆうかさんにお話を聞く機会をいただいた。こんな秘密基地にはどんなスーパーエンジニアが集っているんだろう、と思いきや……。

――ファブラボ鎌倉にはどんな人たちが集まってくるんですか。

渡辺　もちろん会社でエンジニアをやっているような専門の方や、そうでない方も含めいろんな人がいます。「朝ファブ」といって、月曜日の朝九時から一時間の掃除を手伝ってくれた人に、一〇時から二時間ファブラボを優先的に使ってもらうという活動をやっているんです。そうすると、近所から

図３　ファブラボの様子

自身で雑巾などを持ってきてください、一緒に掃除して、そのままみんなでわいわいやりましょう、となります。二歳半の女の子もいれば、主婦もいますし、３ＤＣＡＤが趣味の高齢者の方などもいます。しかも、私が先生として教えるのではなく、個人個人があるときは先生になり、あるときは生徒になり、みたいな感じでお互いに教え合っているんですよね。

――先生が教える講習会とかマシンショップみたいな感じではないんですね。

渡辺　講習会もありますけど、基本はいろんな人がいて、互いに知っていることを教え合ったり、互いに譲り合いながら機械を使ったりという感じですね。

田中　私みたいな専門の人間がいると、かえってみなさんのコミュニケーションを阻害するようで、渡辺さんみたいなファシリテーターが必要ですよね。

渡辺　そこはやっぱりいろいろ試行錯誤があって、最初は横から口を出したりもしていたんですが、やっているうちに「違うな」ってわかったんですよね。私は遠くから見ているくらいがちょうどいいんです。

——それにしても、すごく地域に密着した活動ですね。それって鎌倉という土地柄もあるんでしょうか。

田中　そうですね。今日本にある12のファブラボは、それぞれ地域の特色を持っていると思います。実は最初、日本にファブラボを立ち上げるとき、最初のラボが模範みたいになって、それ以降同じようなファブラボばかりになるのではないか、と心配したんです。ここ鎌倉とつくばが同時期にできたのですが、つくばは鎌倉と違ってもっと「ギーク（コンピュータ系のような技術オタク）」なファブラボなんですよね。運よく、鎌倉とつくばで両極端なファブラボになったので、多様な流れが生まれてすごく良かったと思っています。

——地域コミュニティの活性化につながるんですね。そうしたら、いろんなところからそういうコミュニティづくりのお話があるんじゃありませんか。

渡辺　そうなんです。国内外の行政や大学関係者の人もいますし、地域コミュニティの構築を希望する企業の人までいます。

——なるほど、ファブラボという機能を核にしたコミュニティづくりなんですね。実は、「ここで発明して、試作して」といったイメージを勝手に持っていました。

渡辺　もちろんインキュベーション的な役割はありますが、その前提としてお互いに足りない技術を補い合えるコミュニティとしての役割が重要になってきます。そのなかで、いいアイデアは商品化す

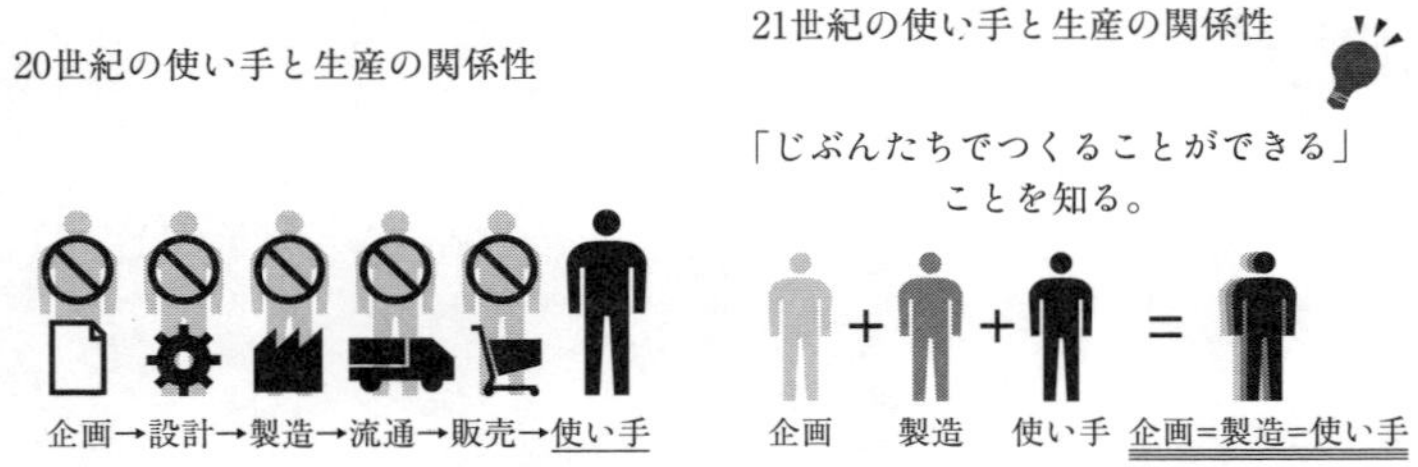

図4　「つくりかた」の比較図（ファブラボ鎌倉提供）

るという流れをとっています。「ファブラボで五〇〇個試作できますか？」といった問い合わせもあります。そういうときは、対応できる施設を紹介するようにしています。ファブラボ鎌倉はこれまでの製造業とは異なり、つくる側と使う側が、「自分たちでつくることができる」ことを知るというコンセプトなので、大量につくることを希望する人は施設を使い分けるということが必要だと思います。モノづくりは問題解決能力であり、動機づくりで、それに応じたファブラボ鎌倉の役割はそういう「学びの場づくり」なんです。

◇ファブラボがつくる新しい社会

ファブラボ鎌倉が、デジタルファブリケーションを通じた地域コミュニティ形成の場だという考え方はちょっと意外だったけれど、いわゆるオタクに限定したモノづくり文化から、よりオープンなファブリケーション文化へ、と考えると、子供と大人が同居している空間というのはとても興味深い。

「人と機械が理想的に調和した社会」を考えるにあたり、今や社会現象にもなっている3Dプリンターなどのデジタルファブリケーションが、どういう未来社会へと私たちを導いていくのか、引き続きお話をうかがった。

――ファブラボが浸透していくことで、従来の製造業のようなモノづくりから成り立つ社会は変わっていくんでしょうか。

田中　モノづくりという言葉は日本では結構難しい言葉で、言われたようにまさに製造業や大量生産や工業のことを表しているんです。それは〝manufacturing〟です。一方、〝ｍａｋｅ〟というムーブメントが二〇〇五年ぐらいから起こりはじめて、本来の意味での「人間が頭の中にあったアイデアを手でつくるという」意味での『製作（創作）』を取り戻そうという文化が起こりました。

そういう経緯を踏まえて、「ファブラボはこれまでの『モノづくり』とは質的に異なるんだ」ということを伝えたくて、「ウェブからファブへ」と表現しています。

今の世の中はウェブ、つまりコンピュータがあって、コミュニケーションがソーシャルネットワークでつながるようになって、大量の情報が飛び交っています。すると次は逆に情報ではなくて、モノでコミュニケーションしたり、アイデアを形にしたり、そういう手に取れる物質を軸に共感を生み出していくようなことが必要になってくるのではないか、それをファブと言っているんです。「フィジカルメディア」と呼んだほうが正確かもしれませんね。

――実体のあるモノを媒介した、新しいコミュニケーションの形ということでしょうか。

田中　公文俊平先生（多摩大学情報社会学研究所所長、情報社会学会会長。専門は、社会システム論、国際関係論）のお話ですが、コンピューテーションとコミュニケーションという二つの流れ——産業のデジタル化の流れ（第三次産業革命）と、コミュニケーションがソーシャルになっていく流れ（第一次情報革命）——とがあるんです。(1) このソーシャルな流れがファブラボになっていて、メイカーズムーブメントみたいなものが産業のほうになっているんだと考えています。

——なるほど。確かにファブラボはメイカーズムーブメントの一部と捉えていましたね。そこを混同せず、分けたほうがいいんですね。

田中　はい。僕は、分けたほうがそれぞれのもたらす利益が明確になると思っています。そして、ファブラボのネットワークは社会の中の免疫系のようなものであるというふうに思っています。

現代はすでに非常に高度化した社会のシステムができあがっています。大量生産、大量消費、大量破棄です。大企業がそこを担っているわけですが、そういう一つの社会システムだけだとどうしても硬直しますし、閉塞感が生まれてしまいます。だからその逃げ道のような支流をつくったり、あるいは逆流させたりと、一つの大きな川ではなくて、もっと無数の支流のような流れをつくって、そういう多様性によって社会をほぐしていくというか、マッサージしていく必要があると思うんです。それが免疫系ということです。免疫系として社会をマッサージするような機能、ファブラボは、それを担う存在になりたいと思っています。

——免疫系……。エンジニアの生き方の多様性みたいなイメージでしょうか。

田中　例えば、大企業の人がファブラボに来て、土日にファブラボで自分のプロジェクトをやっているとしますよね。それがうまくいって、その人のオリジナルの製品として販売してサイドビジネスにしてもいいんだけれども、その人は会社でも働き続けるというようなイメージなんです。新しい副業です。

つまり、一つそういう支流をつくってあげることで、人が元気になって会社の中でもまた生き生きと働けるようになっていくだろうという、そんなマッサージ役ですね。

——社会システムの進化論みたいな話ですね。

田中　そうですね。僕は一九七五年生まれなので、僕の世代の認識みたいなものがあるんですが、やっぱり二〇世紀という時代にとても洗練された一つの社会システムがつくりあげられたと思うんです。しかし、そのことの悪い面として、一つの巨大な社会システムの中だけであらゆることが硬直してしまっているという問題もあります。なので、時々それをほぐしたり、分解して再編集したりする必要があると思っています。

自然の生態系って「生産者」と「消費者」と「分解者」と、その三つで回っていますよね。人間社会は、二〇世紀は生産者と消費者の関係が重要だったと思うんですけど、これからは、社会システムの中での分解者が大事になると思うんです。「分解」には「ほぐして再生産につなげる」という機能もあると思うんですが、そのときに生産ではなく再生産という役割に重きを置くのがファブラボかなと思っています。そういう第三のポジションをつくっていきたいというのが、僕のイメージです。

——規格大量生産でうまくいくときは、無駄をそぎ落として同じことを同じようにやり続けていることがベストでしたが、安定状態じゃない現代では効率からいえば無駄に見えるけど、何か変化を起こす上で必要な無駄、ということですね。

田中　目標が明確なときには専門分野ごとに分けてそれぞれが最も効率的に動くシステムが有効だと思うんですが、目標そのものがわからない場合には、何をやるかを考えるために専門の枠を一回捨てる必要があります。そういうときは、専門的な理屈で効率的に対処できないので、あれこれ試行錯誤していくうちに解決策が見つかる、といったことがある……それが、「ほぐして再生産」です。

――一方で、今アジアはすごく豊かになりつつあるけど、いわゆる、これから成長する開発途上国のファブラボみたいな動きとも接点がありますね。

田中　はい。リバース・イノベーション（途上国で生まれたモノが先進国に波及すること）が出てきて、本当にモノをつくって人の役に立ちたいエンジニアは、今もう途上国に活躍の場を求めていますよね。それは、明らかにニーズがあるケースですよね。ファブラボにはそういう動きもあって、どんどんアジアやアフリカのような海外に出かけて行って、その国の人たちと一緒にものをつくったり、サービスをつくったりする人も生まれている。

逆に日本のような成熟国でやる場合には、そもそも何をつくればいいのかわからないから、とにかくみんなで集まって試行錯誤しましょうと。ファブラボは企業とは違ったそういう「触媒《カタリスト》」の役割を担っています。

――社会の中の免疫系という比喩がすごくわかりやすかったんですけど、だとすると、行政のど真ん中とかでは、公教育とか大企業とか、そういう本流の中にこの流れが組み込まれるというよりは、そこから別のところに位置づけるほうがいいとお考えですか。

田中 そう言い切るのも難しくて、じゃあ「どこでもない」と言ってしまうとどこからもお金が回ってこない（笑）。ただ、それでも「行政の一部ですよ」とか「大学の一部ですよ」というように一つに位置づけはしないほうがいいと思っていて、いくつかの多重な支援の中に支えられているような存在にすることには意義があるとは思っています。

ところで、総務省とも「ファブ社会の展望に関する検討会」というのをはじめました。今回は政府初とも言える「ビジョンづくり」――二〇二〇年のファブ社会をどう設計するかというのをアウトプットにしたいと思っています。

――二〇二〇年って東京オリンピック、パラリンピックの年ですね。

田中 それももちろんゴールの一つです。行政に対して僕が最初に提案したのはこうです。インターネット、ウェブでは日本は負けたかもしれません。それはもう日本語の壁というのは超えられなくて、基本的にはドメスティックで世界に出ていけなかったからでしょう。一方、クールジャパンと言われているファッションや食のような非言語では言葉を超えるので、おいしいものはおいしいし、綺麗なものは綺麗。だから、ヨーロッパとかで評価されています。ファブというのは、ウェブと同じくデジタルネットワークによる広がりと、モノによって非言語的な価値を伝えるという、その二つを掛け算したものです。

ファブの本質はネットワーク効果×非言語なんです。そこなら日本はウェブより得意なはずです。二〇二〇年に世界の人たちが日本にやってくる。そこらあたりを目指すと結構またいい生き生きとした国になっていくのではないかということを提案したんですよ。

――ネットワーク効果×非言語だと、例えば３Ｄプリンターというマニファクチャリングツールが世界中にあることによって、モノを電子データに一回置き換えて、ネットワークでデータを送ればそこで出力できるからいいよという話がありますよね。すると、実は地域性が出るのはツールでなく材料にあると思うのですが。

田中　おっしゃる通りです。そこは今まさに研究としてやっているところです。もうアメリカの大企業は３Ｄプリンターのフィラメントという素材を、自社製品しか使えないように囲い込んできているんです。インクジェットプリンターもインクビジネスを購入させるビジネスモデルですが、僕がよく言うのは、例えば炊飯器で「自社のお米しか炊けません」なんてないですよねということなんです。やっぱり素材と工作機械は切り分けておいたほうが、組み合わせの自由度があって、そのほうがクリエーターとしては楽しい領域が広がると思うんです。

それで今、私たちの研究室でも素材を自分でつくる３Ｄプリンターというのを開発していて、その一つに炊飯器型３Ｄプリンターというのがあります。お米を材料にして３Ｄプリントするという機械

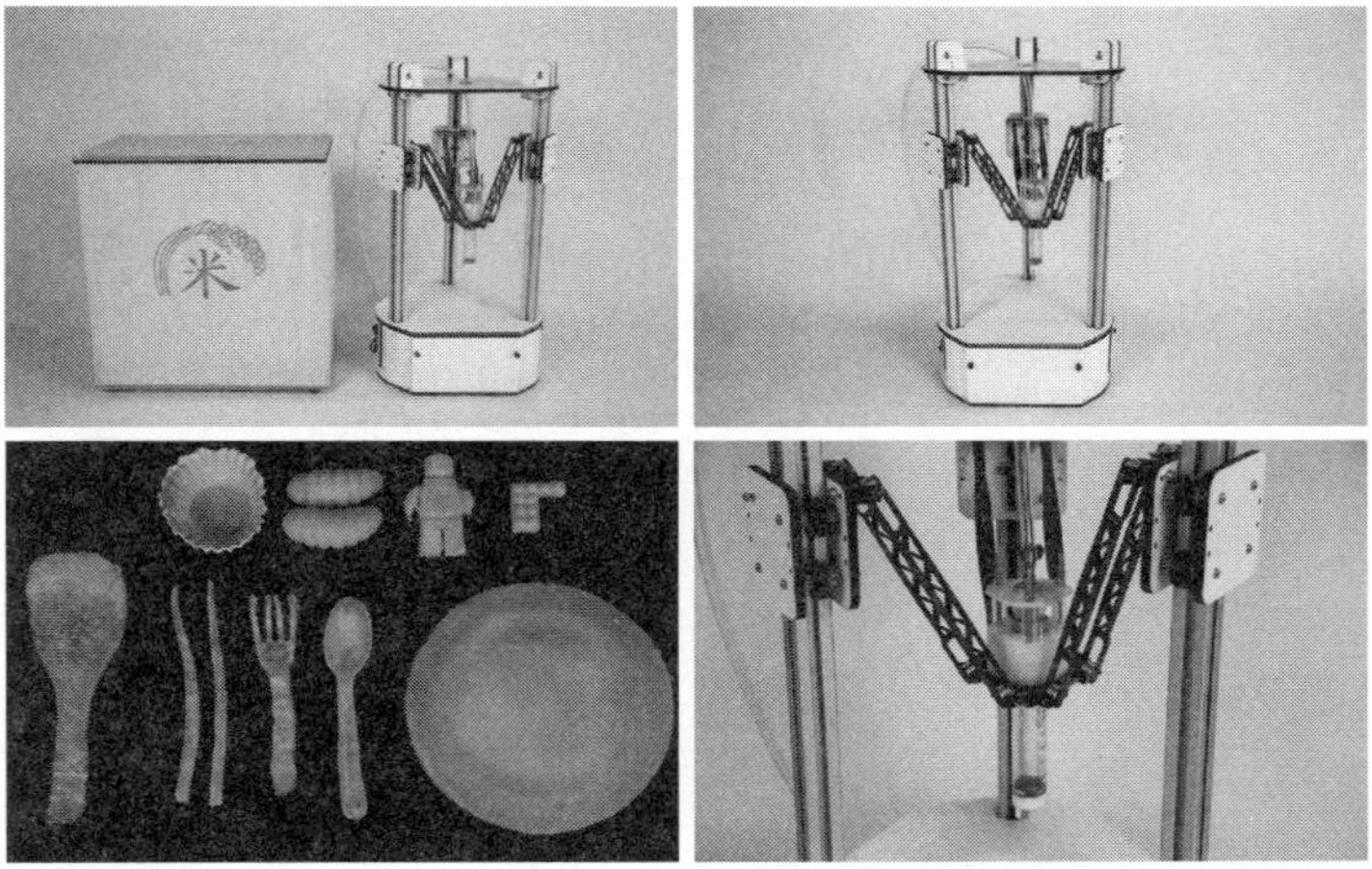

図5　お米を材料とする 3D プリンター

で「食べられる日用品」をつくるんです。食品、食べ物をつくるんじゃなくて、コップとか日用品をお米でつくる機械なんです。そうすると、最後にスープに入れると、日用品がお餅になったりするんです[2]。

――化学品はいまだに先進国に強みがありますよね。

田中　そうですね。素材とデジタルの掛け合わせによる新しい領域、それをフィジカルコンテンツと僕は呼んでいます。食なんかはもう製品ではなくて、フィジカルコンテンツとして見ているんです。

そして、もう一つの付加価値はストーリーです。企業ではなく、個人やチームで行うことによって、「モノづくり」と「ものがたり」は同時に生まれるのです。「どんな人がどんな斧を持って富士山に出かけて行って木を切ってきて、このようにしてこのモノができました」というストーリーがモノと一緒になってセットになって流通する社会がやってきます。

フィジカルコンテンツとストーリー。この二つが、世界のファブラボの人たちと交流する中から、「ここが日本の強みなのではないか」と再発見した点です。

――３Ｄプリンターがあるということが一つの最低限の規格みたいになっているんですね。

田中　そうです。でも実はそれがネックにもなるかもしれないと感じています。僕はローカルから湧きあがってくる土着的な要素がもっと広がっていくほうが、どちらかというと好みなので、最終的にはラボごとに独自の３Ｄプリンターをつくったほうがよいと思っています。

――統一の規格のものでなくてもいいんですか。

田中　その土地ごとの、その土地らしい３Ｄプリンターを使う。最終的に共通なのはデータだけでもいいんじゃないですか。

――途上国の田舎なんかで道具を自分たちで全部つくっているところは結構あって、コスタリカの山の中のコーヒー農園を見に行ったんですけど、バイオガスまで自分たちでやっていて、あそこにデジタルのネットワークが来たら普通にやるだろうなというのはいっぱい見ましたね。

田中　その話に関して言うと、今、最大のネックは日本であまり３Ｄプリンターをつくっていないことです。小さなベンチャーはありますけど、メイドインジャパンと言えるものではなくて、海外のものを日本でもつくっているだけです。つまり、日本発じゃないんです。

僕たちが今、つくっているキッチン３Ｄプリンターが、多分世界ではかなり新しいものとして発表できると思うんですが、ぜひ製品化したいんです。それも、３Ｄプリンターと呼ばず、調理器具として打ち出そうと思っています。

このままだと、ブームの行き着く先は海外から3Dプリンターをみんなが買うというだけなんですね。周辺技術のようにして、木を使った素材をつくるとか、もっといろんなビジネスの生態系ができてくればいいんですけど、そうなるには、もうちょっといくつか仕掛けがないと無理ですね。

——キッチン以外にも狙いどころってありますか。

田中　あとは音楽ですね。管楽器とか。僕がサックスを吹くというのもあるんですが、楽器って、例えばピアノはキーボードとして電子化されたし、ギターはエレキになったんですけど、管楽器って昔からずっと変わってない。やっとファブリケーションが出てきて、何か現代的な技術と接点ができたんです。

それで今何しているかというと、例えば、小学校へ行くと小さい体の子はフルートを担当、体の大きい子はテューバを担当というふうに、もう体の大きさで分けられちゃうんですが、小さい子でも持てるテューバというのをつくっているんです。形を変えても長さがあればテューバの音になりますから。

そこで、そういうのを設計できるソフトウエアもつくっています。自由な形に設計できて、テューバだろうがホルンだろうが、その人の体にあったものができます。

——材質はメタルなんですか。

田中　今はまだプラスチックでつくる簡易的なものしかできないんですけど、最終的なアウトプットはまだ模索しています。

そもそも管楽器って普通のエレキギターやシンセサイザーと比べると値段が一桁高いので、楽器メーカーも産業的には苦しいところだったんです。ほとんど小・中学校の吹奏楽部にしか売れないという状況が続いていたんですが、もうちょっと新しいマーケットをつくれるんじゃないかというので、企業と共同研究をはじめようと思っています。

——お話を聞いていると、先ほどファブがメディアで、ファブラボがマッサージ機能だというその道筋もわかるんですけれども、今みたいにパーソナルにカスタマイズするという路線というのもありますよね。これって今の製造業と隣り合った領域じゃないですか。

田中　そうですよね。産業との接点というとやっぱりその話で、オープンデザイン（「制作者によって自由な頒布と記録が許可され、さらに改変や派生まで認められたデザイン」）の議論は最近盛んです。ただカスタマイズには二つあって、企業がつくってきた製品の最後の色・形を消費者が自分に合わせてカスタマイズできるという形が一つ。もう一つは、本当に商品企画の上流にも普通の人を巻き込んでしまって、「どんな製品がいい？」というのを一緒につくっていくという形です。

これはあくまで僕の好みですけど、色・形をユーザーが選ぶのは八色のユニクロの服をお店で選んだのとあまり変わらないんじゃないかと思うんですよね。それよりもっと、そもそも今、みんな何が欲しいのかというところから巻き込むほうが面白いんじゃないかなという気がしています。

——今の製造業は、色・形のカスタマイズ路線で考えている部分がまだまだ多いと思うんですけれども、ファブ側にいらっしゃる方にとってはそれってつまらない領域じゃないですか。

田中　もう何となく見えているという領域ですかね。例えば、高齢者の方々とフューチャーセッションというのをやったときの話ですが、家の中のテレビリモコンは四〇〜五〇個ぐらいボタンがついているんです。でもボタンなんか電源と音量とチャンネルだけでいいというテレビリモコンのリクエストがあって、それをつくったらヒットしたという事例がオランダであるんですが、そういう発想というのは企業のロジックでは意外と気づかないんです。

生活者中心のイノベーションというのはあり得て、普段の生活の中で普通にこういうのがあったらいいのに何でないんだろうねと思うものが世の中にたくさんありますが、そういうものをちゃんと企業に送り届ける役割としてのファブラボというのはあると思います。

——そうやって考えると、ファブラボってすごく広い役割を担いうるものですよね。ファブラボって何なんでしょうね。

田中　これまで社会に無かった要素を引き受ける役割です（笑）。

◇見学を終えて

高度経済成長期のモノづくりが規格大量生産であるとするなら、それによって形成された社会そのものが規格品のようになっているとも言える。ファブラボは、失ってしまった「モノづくりの多様性」を社会に優しくもたらすもの……。特に、ファブラボ鎌倉のように昔の蔵でご近所から老若男女問わず集まって、井戸端会議のようにしてコミュニティがつくられている様子をうかがうと、あらためて機械は道具であり、道具が人と人を結びつけ、そこに社会が生まれるんだと気づかされたような気がする。

話はこの後も続き、「モノに対する畏れやリテラシーが理系と文系で違う」という話題も飛び出したのだが、ファブラボは参加するもの。ぜひ一度、お近くのファブラボに行ってみてほしい。きっと新しい体験がみなさんをマッサージしてくれることと思う。

注

（1）公文俊平（二〇一四）「ソーシャルファブリケーションで突破する情報社会：ファブ社会の展望に関する検討会」http://www.soumu.go.jp/main_content/000268052.pdf

（2）「食べられる器、家で作る　３Dプリンター、米粉を使用」『日本経済新聞』二〇一四年七月二八日付夕刊

10　イノベーションとデザイン思考の行方

澤田美奈子

◇ものづくりの中心に「人」を置く

あなたはパソコンやスマートフォンを快適に使いこなしているだろうか。ロボット掃除機はあなたの指示に忠実だろうか。健康機器を人から勧められると、急に老け込んだような寂しい気持ちになったことはないだろうか。人間の生活を豊かにするための製品が、もし人々に煩わしさや違和感、苦々しい感情を与えているとしたら、その製品は「人間のニーズに応える」という目標を十分に達成していない可能性がある。

そもそも道具や機械・技術といった人工物は、暮らしの必要から人間自身の手によってつくり出された。しかし技術は人間の社会や生活そのものを変えていく。本来は人間のための技術だったはずが、次第に技術の要求が社会を変容させ、人間側が技術に順応せざるをえないといった倒錯や葛藤を引き

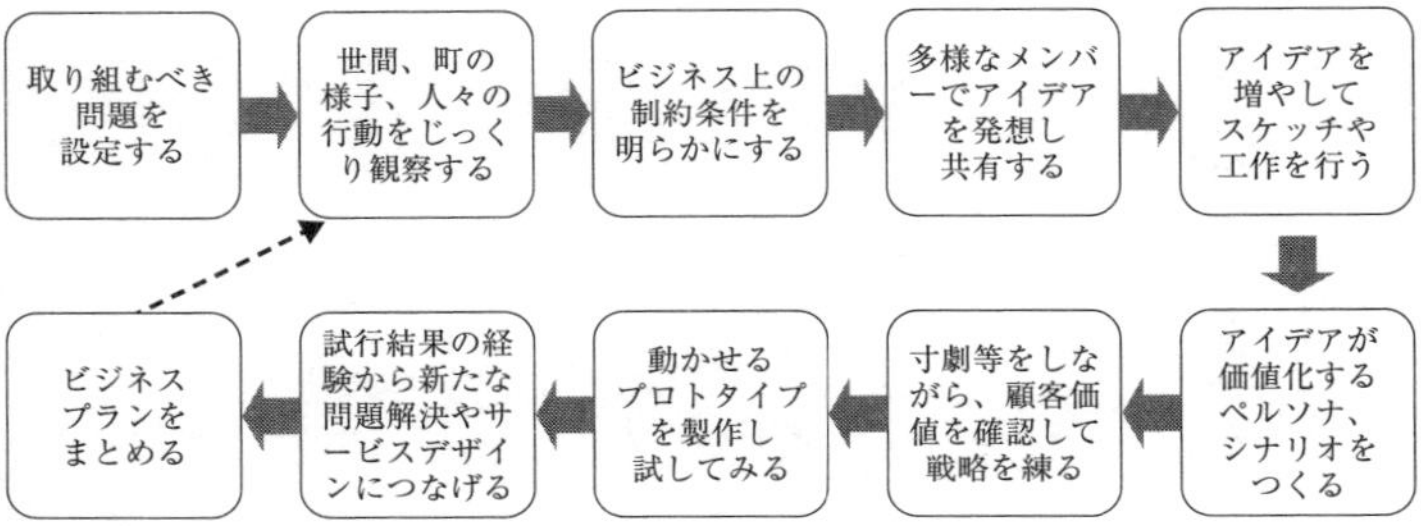

図1　「デザイン思考」の基本プロセス

起こしているのではないか。ものづくりを今一度、人間中心の発想に戻す必要がある。

技術で社会を豊かにすることを理想に掲げる企業にも、市場が成熟する中、改めて人間視点に立ったものづくりへの志向が求められる。かつて三種の神器・新三種の神器が生活者の夢であった時代には、人々の顕在的な不満足を埋めることが技術の役割であった。しかし基本的な技術が普及した今日、人々の経験や感情といったより潜在的なニーズに応えていくことこそが新たな挑戦となってくる。

イノベーションとは、単に目新しいアイデアや技術を指すのではない。それが新しい行動を生み出し、生活や社会に革新をもたらし、革新が最終的に収益につながってこそイノベーションである。収益とはつまり、新しい顧客に認められ購入され繰り返し使ってもらえるだけの価値を持つことである。したがってイノベーションは決して自然発生的には起こりえない。「つくり手としての人間」、「使い手としての人間」という双方の視点に基づいた想像力、意志、努力が、技術を通じて具現化されなければならない。

このような人間視点のイノベーションを生み出す思考法・実現方法

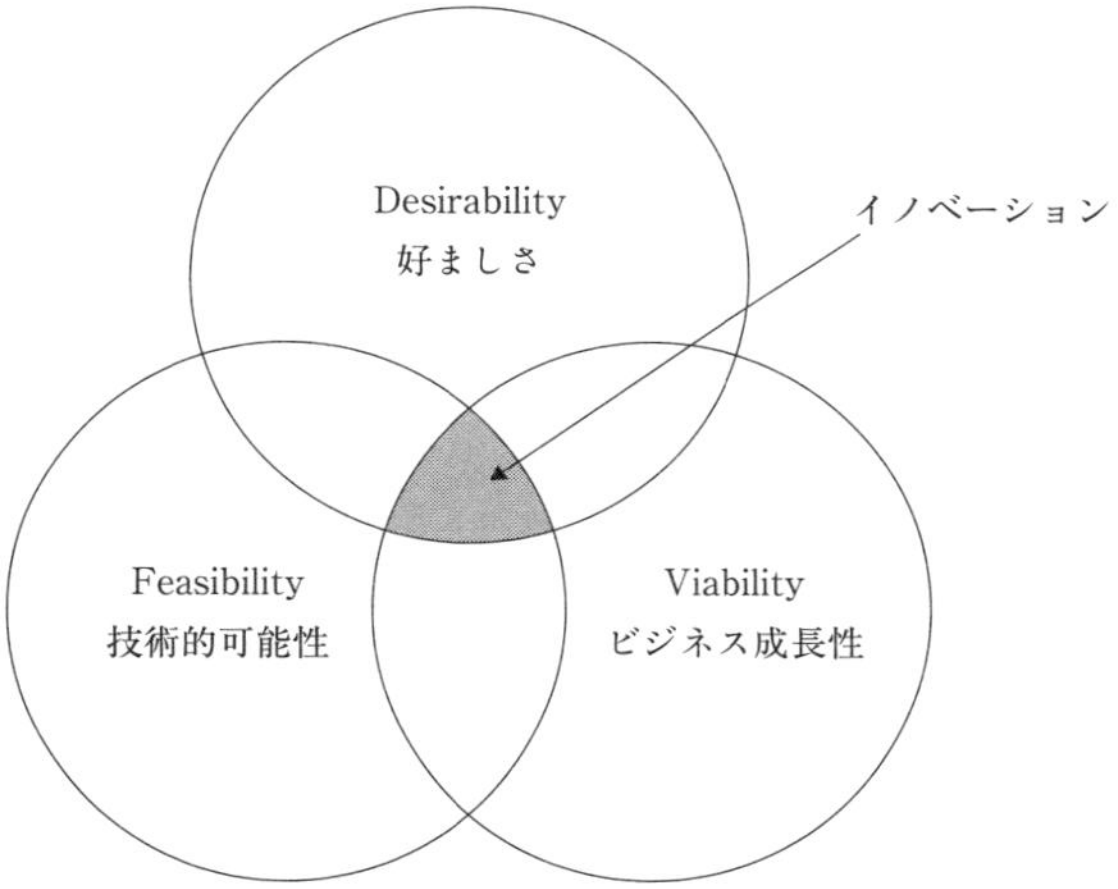

図2　イノベーションの3つの条件

として注目されているのが「デザイン思考」である。「デザイン」という言葉に示されるように、優れたデザイナーの仕事術の核となる部分を抽出して体系化した方法論である。「デザイン思考」を世界的に有名にしたIDEO社は、Appleのマウスを始めとした数々の製品・サービス開発を手がけた実績を持つ。人々のありのままの姿を実際の生活世界の中で観察し、問題解決のための道具のプロトタイプを制作して実験を繰り返しながらデザインを行っていくことでイノベーションを目指すというのが「デザイン思考」の基本プロセスだ。「好ましさ」、「技術的可能性」、「ビジネス成長性」という三つの条件が重なった領域でイノベーションは起きる。「デザイン思考」の方法論の大きな柱が「エスノグラフィー」による踏み込んだ人間理解および、つくりながら考える「プロトタイプ」発想法である。

◇ビジネスマンによるエスノグラフィー

技術をより使いやすくし、使った人々に充実した経験を送り届けるためには、技術の供給者がユーザーの達成したい目的を理解した上で、ユーザーが実際に使う場面に対して適切な技術を提供することが必要だ。アンケートやフォーカス・グループ・インタビューでは、ユーザーが技術を実際に利用するコンテキストから切り離された情報しか得ることはできない。さらにイノベーションを志向する上では、人々が「何を」考えているかの背後にある「なぜ」そのように考えるかという点こそ掘り下げるべきことである。ユーザーの生活世界を理解し、日常生活に埋没した潜在ニーズを探索するため、「デザイン思考」は人類学者の調査方法を導入する。

人類学者は、未開の地に長期にわたって入り込み、現地の言語を用いて行為や習慣、制度などを幅広く探索し、見聞した内容をフィールドノーツに詳述することを通じて深い文化理解に至ることを目指す。このようなエスノグラフィック・リサーチの調査対象を、消費者や顧客、組織に置き換えて、人々の本質や問題となっている状況を理解することを目的とした「ビジネス・エスノグラフィー」に近年注目が集まっている。インテルやゼロックス、ノキア、サムスン、P&Gといったグローバル企業も、ビジネス・エスノグラフィーを戦略的に導入し、企業の競争力と創造性を高めている。筆者もこれまで数年にわたり、オムロン株式会社の新製品やサービスにつながる潜在ニーズ探索のため、エンジニア、デザイナー、マーケターといった部門横断的な社員を集めたチームでエスノグラフィック・リサーチを実践してきた。

ビジネスマンがエスノグラフィーを行う効用のひとつは、人類学者の作法から学ぶことである。無自覚なバイアスを捨て去り虚心坦懐にありのままの世界を感じ取ろうとする態度、相手の視点に立って人々の行動の背後にある思いを共有しようとする姿勢、といった人類学者の精神を身につける。現場に出かけるにあたって事前に質問リストや自分なりの仮説を準備したがるメンバーを無理には止めはしないが、現場に飛び込んでみると、会社の会議室で準備した仮説や「はい・いいえ」で答えられるような質問よりも、現実ははるかに複雑に入り組んでいるということが身体感覚として理解される。

エスノグラフィーの記録や情報整理の方法にも大いに学ぶ点がある。最近では企業でやりとりされる資料がパワーポイントで作成されたものが多くなっていることからもわかるように、ビジネスでは見てすぐわかる端的なメッセージや図表が好まれる傾向が顕著になっている。だが実際フィールドで出会った人間や生活世界というのは、数行の箇条書きでまとめられるほど単純明快なものではない。筆者の担当するプロジェクトでは、文化人類学者クリフォード・ギアツの提唱した記録手法「厚い記述」をフィールドから戻ってすぐに参加者全員に書いてもらっている。とはいえメンバーを人類学の専門家にすることが目的ではないので記述や形式は比較的自由だ。ただし「書き手が直ちに死んでも、書き手の経験が読者に間違いなく伝わる文書」というエスノグラフィーの原則は遵守する。人々の発言だけに留まらず、口ぶり、体の動き、場の雰囲気や周囲にあった物等の非言語情報まで詳述した

「厚い記述」を、イノベーションのための重要資料として位置づける。

エンジニア、マーケター、デザイナー、それぞれが書いた「厚い記述」を並べてみると、同じ現場を訪問したにもかかわらず、観察の角度や焦点に違いがある。マーケターは人々がお金や時間を費やしていそうな物や事柄に対する嗅覚がさすがに冴えている。エンジニアは、人々が使っている機器と機能、人と機器とのインタラクションが円滑かどうか、バックヤードでどのようなシステムが動いているかといった技術的側面にやはり自然と好奇心が向くようだ。デザイナーは、人々の無意識の癖や生活の工夫、壁に貼った写真や手紙等、文脈に埋め込まれた心理や情緒への感受性が豊かである。手間暇がかかるという理由から、最近はビジネス・エスノグラフィーを専門に請け負う企業も登場しているが、様々な専門性を持つメンバーから編成されたコラボレーション型チームでリサーチに臨むことは、観察の視点や感性の多様性を確保するためにも非常に意味があることだと言える。

◇フィールドで見つける「人間らしさ」

これまでに実施したエスノグラフィック・リサーチの中から、特にインスピレーションを強く受けた二つの経験を紹介したい。

ひとつめは「高血圧の五〇代男性・サラリーマン」、Kさんに密着したリサーチである。現在、高血圧の人は国内に三五〇〇万人以上と言われ、予備軍を含めると相当な規模となる。高血圧症は自覚症状もなく進行するが、放っておくと脳卒中や心臓病等による突然死を招くリスクもある。深刻な症状が発生してしまう前の予防が肝心だ。しかしいくら健康的な食生活や適度な運動が重要だと頭では理解していても、実行に移して継続することは難しい。毎朝の血圧測定や服薬を行っている人々の多くは、それをしないと命が危ないという周囲からの「脅し」でやむなく取り組んでいるのが実情で、主体的な意志の下に取り組んでいるわけではない。そもそも「健康管理」という言葉の響き自体に楽しさがない。体のために良いことを自分自身の前向きな動機で楽しく取り組めるような製品や仕組みはつくれないのだろうか。そんな新しいヘルスケアサービスのヒントを探るべく、Kさんを対象としたエスノグラフィック・リサーチを開始した。

Kさんと一緒に食事をしたり自宅を訪問させてもらったりしながら、観察とインタビューを繰り返す中で気づかされたのは、人間が言葉で語っていることと実際やっている行動とがいかにくい違っているかという点である。Kさんは「一応医者にもかかっているから、食べ物は健康を気にして選んでいる」と話しながら、野菜スティックにマヨネーズをたっぷりつけて食べ、肉料理が出てくると嬉しそうに箸を伸ばす。五〇代に入ってからは体力の衰えを実感するようになり仕事が忙しいこともあって運動は積極的に取り組めない、と説明するのだが、自宅の押入れの中を覗かせてもらうと趣味の登山用具が買い揃えられていた。

一般的な市場調査におけるアンケートやインタビューでは「こんなことに困っている」「これをもっと使いやすくしてほしい」というユーザーの言葉は収集できるものの、それはユーザー自身が言語化・意識化できる範囲での情報でしかないため、調査を反映した製品やサービスは従来品の改良・改善に留まってしまう。一方、エスノグラフィック・リサーチで遭遇する人々の「言行不一致」の奥には、ユーザー自身も気づいていないニーズやイノベーションの種が潜んでいる可能性がある。

高血圧症にもかかわらず節制した生活態度を見せないＫさんは、医師の立場から見れば「口先ばかりで治す気がない患者」かもしれない。だが観察している立場からすると、Ｋさんは決して自分の身体などどうでもいいのだと投げやりになっているふうには思えないのである。年齢を重ねても趣味の登山やパラグライダーを楽しみ続けたいという思いも、好きなものを好きに食べたいという気持ちも、等しく尊重すべき本心ではないかと感じられた。健康は大事だが美味しいものを食べたい、たとえ病気でも元気に暮らしたいといった人間の欲望の矛盾ややこしさをいかに調和させることができるか。ここが人間視点からのイノベーションへの挑戦のしどころである。

それでは一体どのような製品やサービスがＫさんの価値になるのだろうか。「厚い記述」を読む中で目に留まったのは、Ｋさんが登山に出かけるたびに拾ってきて自宅のリビングに飾っているという石だった。石はもちろん健康機器ではない。しかし石にはＫさんが全身全霊をかけて挑んだ山々の記憶や山頂からの絶景、おにぎりを食べ仲間と語らった思い出が詰まっている。石がまさにＫさんが健康であることの動機づけとなり、その証明となっているのだ。自分たちの競合は他社の健康機器ではなく、この石ではないのか。この石と同じぐらい、Ｋさんに愛着を持たれ大事にされる製品を提供したい。

現場から洞察を得たメンバーは、Kさんに向けた製品のプロトタイプを制作し、試行錯誤を繰り返しながら洗練させていった。製品の外観は当時すでに複数のメーカーから発売されていたウェアラブル・センサーにも似ていたが、機能のひとつひとつがエスノグラフィック・リサーチで獲得した洞察と深く対応した明確な目的と意味を持っている。測定情報をどのようにフィードバックするか、どんな表示画面が望ましいかといった設計の詳細は、エンジニアとデザイナーを中心にKさんやKさんの仲間からの反応を探りながら詰めていった。さらにマーケターの意見に基づき、すぐにコモディティ化してしまう家電量販店ではない、独自の新たな販路も提案した。世界でたった一人のKさんに向けて設計したこの製品コンセプトは、役員に向けた社内プレゼンテーションで、同世代の男性社員からの支持を集めた。エスノグラフィーというアプローチが、人間を主人公とする技術の適切な設計を行うために有効な手段だと確信を得ることのできた経験でもあった。

◇高齢女性の「美」意識

もうひとつのエピソードとして、七〇代から八〇代の女性グループに向けた調査を紹介する。高齢化が進む社会において健康寿命の重要性が取り沙汰される中、元気なお年寄りの秘訣や生活の実態を探ることを目的に、四国のあるフラダンス教室を訪問させてもらった。色とりどりの衣装をまとい、ゆったりとした音楽に合わせ、実際にやってみるとかなり身体的負荷の高い振り付けを難なく踊る彼女達の姿を見ている限り、健康への不安や暮らしの不満は何もないように思える。

調査を始める前、エンジニアを中心としたメンバーたちは、お年寄りの健康不安を解消するには、身体の筋力低下や転倒リスクを測定して警告するようなサービスに価値があるはずだと考えていた。しかし現場に出掛けてみると「測る道具など必要ない」という身も蓋もない声ばかりが飛んできた。「体重や血圧は何度か測っているうちにだんだんわかってくるから、毎日測定するようなものではない」「問題があればかかりつけ医が言ってくれるので、機械に小言を言われたくない」「あと何年、生きられるかわからないし、家にモノをこれ以上増やしたくない」と消極的な意見が続出してメンバーたちはすっかり怯んでしまった。

身体上、何ら問題がない状態を「健康」と呼ぶのであれば、彼女たちは「健康」には程遠い。ほぼ全ての人々が定期的に医者に通い、複数の薬を毎日服用しており、膝の手術やがん等の大病を経験した人も珍しくない。約七〇年という長い時間、自分の身体と付き合ってきた彼女たちにとって、老化の進行具合や疾病リスクを示す等というのは「True but Useless（真実だが有用性はない）」な行為に他ならない。認めたくはないがやむなく受け入れている老化という現実や実感を強めるだけの製品やサービスが価値を持たないのは当然である。

では一体何があれば、彼女たちの心を動かし、よろこびをもたらすことができるのだろうか。メンバーは粘り強く彼女たちの話に耳を傾け、フラダンス教室以外の場所でも行動を共にさせてもらった。よく「女性と健康」のテーマでありがちなのは、「美容」「アンチエイジング」といったものである。

しかし七〇代の彼女達の日常生活を見てみても「美容」も「アンチエイジング」も魅力的なコンセプトにはならないように思われた。顔のしわ、しみ、たるみ、白髪なんかをいちいち気にしていたらきりがない、女優さんでもあるまいし、と言う。自分の結婚式や新婚旅行、若かった頃の写真は自宅の居間の見える場所に飾っているが、最近は写真に撮られるのがめっきり苦手になったと話す。フラダンスの教室以外で鏡を見る頻度というのは必要最小限であり、外出の際に人様から見てみっともなくないかどうかを確認する、といった至極後ろ向きな理由からである。彼女たちは「美」というものとはとうに縁を切ってしまった人々なのだろうか。

ところがしばらく行動をともにしながら、調査メンバーは彼女たちの「言行不一致」をここでも見つけることができた。確かに若い女性のように鏡で自分の「顔」を熱心に見つめるようなことはしない。だが自分の「全身」が映される媒体にはかなり敏感に反応するのである。例えば路面電車や建物の窓ガラスに自分の姿が映るたびにチラッと見ている。写真撮影の際も、接写よりも引きのアングルでの写真映りを気にする。理由を尋ねてみると、「おばあさんみたいに見えないかしら」と気になって確認していると言う。「もうおばあさんなのにこんなこと言うのは変よね」とすぐさま照れ隠しのようにつけ加えるのだが、まさにここに彼女たちのニーズが潜んでいる気がした。つまり彼女たちが現在の年齢なりに実現したい美しさとは、手鏡で点検するような細部に宿るものではなく、他者の目に映る「立ち姿」としての全身的な美しさであったのだ。

現場からインスピレーションを得たメンバーは早速、「『おばあさんみたい』な姿勢になったらこっそり教えてくれる機器」のプロトタイプを制作した。メンバーのうちの一人のエンジニアは、現時点でのセンサーの素材や精度・電池寿命等の問題からアイデアを技術的に実現するのは難しいかもしれないと前置きしながらも、今後の技術開発の方向性を探るためにも、まずはユーザーにアイデアを手に取れるかたちで見せるために実物大の模型を作成した。商品名とキャッチコピー、売り込み文句を書いたカタログと、商品があることで暮らしがどう変わるかというイメージを描いた紙芝居も併せて作成し、再び現場へ戻って二度目のリサーチを始めた。

アイデアは上々だった。「こんな小さなセンサーが教えてくれるなら可愛いわね」といった好反応や、「見た目はもっとこういうほうがオシャレ」というスタイリングへの注文、「背筋がこれぐらい曲がったらおばあさんみたいに見えちゃうのよ」といった技術要件・データ要件に関わる意見まで、アイデア具現化に向けた必要情報が、プロトタイプを通して自動的に集まってくる。一回目のリサーチでは「健康のために特別なことはしていない」としか言っていなかった八〇代の女性は「私、実は矯正下着をつけているの」とその時初めて打ち明けてくれた。外出時は常に上下のワンセットを着込んでいるのだが、自宅でも上は着けたままで過ごすことが多いのだと言う。彼女は夫を何年も前に亡くして以来一人暮らしであるにもかかわらず、「おばあさんに見えるかどうか」を周りに誰もいない状況でも気にしているというのは不思議にも思えたが、彼女の意見に他の女性たちもしきりに同意していた。もしかすると姿勢を正す理由というのは、他者の視点が気になるからということ以上に、自分自身の気持ちの張り合いを保つために必要だからなのかもしれない。『上を向いて歩こう』という歌にもあるように、姿勢を伸ばすと内面まで明るく前向きな気持ちになれる。誰が見ているからではなく自分自身のために姿勢を美しく保ちたいという健全なナルシシズムの維持こそが、彼女達が年を重ねても元気であることの秘訣になっているように思えた。

◇人間視点のイノベーションに向けた課題

このように、エスノグラフィック・リサーチから得られる人間視点のイノベーションの「種」には大きな価値がある。しかしこのアプローチを導入した多くの事例は、アイデアから先の具体的な開発を躊躇してしまうことが多いのも事実である。

ひとつの課題は、エスノグラフィック・リサーチから得たアイデアを具現化する「プロトタイプ」という手法が一般的に日本の製造業の開発文化に馴染みにくい点にある。そもそも「プロトタイプ」の位置づけが違うのだ。多くの企業は、市場調査から企画書をつくり仕様書を準備した最終段階において量産前の検証を目的としたプロトタイプがつくられる。ここでのプロトタイプは完成品に限りなく近い位置づけであり、仮に問題が発覚しても後戻りすることが難しい。プロトタイプのステップがものづくりの下流にある限り、ピントのずれた製品が世の中に溢れてしまうことになる。

イノベーションプロセスの中でのプロトタイプは、アイデアを実験するための手段であり、初期段階から制作されるべきだ。かたちとしてアイデアを表現すると言葉で表現した時と異なる感触を得ら

図３　初期段階のアイデアを実物大で表現したプロトタイプ。たとえ幼稚園レベルの工作であっても手に取れるプロトタイプを大量につくることは斬新なアイデア創出を促進する。

れるし、かたちにしてみて初めてわかることがある。現場から戻ってまずは紙工作レベルのプロトタイプを制作するのも、アイデアを「確かめる」のではなく「探す」ことが目的だからである。時間と金銭のコストをかけて磨き上げた高度なプロトタイプであればあるほど、アイデアの不備が発覚した際のダメージも大きい。一方、迅速かつ安上がりに最小限の努力でつくったプロトタイプであればアイデアを捨て去ることへの未練は少なくて済む。しかもラフなプロトタイプであればユーザーも本音の感想を言いやすいので、フィードバックの質は上がり、結果的にアイデアにも磨きがかかる。

　プロトタイプ文化を推奨するIDEO

社が制作したAppleのマウスの最初のプロトタイプは、デオドラント製品のボトルについていたローラーボールを二ドルのバター皿の底に取りつけた簡易なものに過ぎなかった。国内では任天堂がプロトタイプによる開発戦略を行っている企業であるが、例えばNintendo DSの初期プロトタイプは、ゲームボーイアドバンスにタッチパネルをくっつけたコード剝き出しの大変ラフなものであったという。だがこうした「手を使ったラフな商品企画」が結果的に大ヒット商品を生んだのである。プロトタイプ文化は、仕様書主導・計画主導の抽象的思考に異議を唱え、「手を使った思考」でよりユーザー中心の見方に立ったイノベーションを促進する。

プロトタイプは試行錯誤がつきものだ。先ほど紹介した二つのリサーチ事例でも、エスノグラフィック・リサーチがひとつのプロトタイプへと一直線に進んだわけではない。ユーザーから好評を得られたプロトタイプの背後には、棄却された無数のプロトタイプが存在する。一〇〇個アイデアがあったら、その中からひとつでもふたつでも有望なものがあれば良いというのがこれまでのプロジェクトからの実感である。アイデアは多ければ多いほど良く、量が質を約束する。そしてユーザーに受け入れられなかったアイデアもフィードバックをきちんと「厚い記述」として記録して分析を行うことで次なる躍進の手がかりにもなるので、アイデアの多産多死はあらゆる意味で決して無駄なプロセスではないのである。

最後に、より根源的な企業の課題であると感じるのは、人間の直観や感性、ひらめき、身体感覚といった「主観」を、ものづくりやビジネスにおける意思決定に持ち込むことに対するリスク意識である。例えば、アイデアの下見のための初期レベルのプロトタイプから、センサーやディスプレイ、電子回路を組み込んだ作動可能な本格的プロトタイプへとステップを進める時、それなりの追加コストが発生するため、上長からの承認を得なければならなくなる。その際に指摘されることは「その調査は一体何人の人を対象としたのか」「その後の開発に見合う市場規模が確認できているのか」といった「数量的」裏づけへの不備である。確かにエスノグラフィーとプロトタイプを中心としたプロジェクトにおけるメンバーの発想というのは、左脳というよりは右脳的な思考に基づいたものである。エスノグラフィーから得た洞察も、洞察から制作したプロトタイプも、メンバーの解釈と推測という主観でしかない。しかし自分たちの主観でつくったアイデアが、ユーザーの「良いね」という主観と確かに響きあったという「共感」の経験は、その後のさらなるアイデア具体化に向けたステップへ進んでいくための十分な理由になりうるのではないだろうか。

主観をビジネスに持ち込めないというのは、日本だけではなく海外の多くの企業も同様であるらしい。ビジネス・エスノグラフィーに関する国際会議で出会ったビジネスマンたちの話を聞いていても、「会社がエスノグラフィーの力を信じてくれない」「オフィスのデスクで紙工作だなんて、遊んでいるようにしか思われないよ」といった苦労話や嘆きの声を耳にする。

企業は創造性や革新性を失っていると言われる。だが筆者は、エスノグラフィーやプロトタイプを中心としたイノベーション・プロジェクトに携わる中で、徐々に呼び覚まされていくビジネスマンの独創、野心、好奇心、遊び心、憧れ、妄想、狂気、信念……といった主観を解放した発想のおもしろさに、いつも驚かされている。同時にこうした彼らの豊かな主観的世界を、通常業務では活かす場面がほとんどないという話を聞くと、やるせない気持ちにもなる。統計分析や平均的な人間観・機械観、現状の延長線上的思考回路を飛び越えたところにイノベーションは存在するのだ。人間視点のイノベーションを実現するためには、イノベーションの担い手が主体的な創造力を発揮できる、組織・社会への転換も必要なのではないかと考えている。

引用・参照文献

Buxton, B. (2007) *Sketching user experiences: Getting the design right and the right design*. Elsevier.

奥出直人（二〇〇七）『デザイン思考の道具箱：イノベーションを生む会社のつくり方』早川書房

ギアツ、クリフォード（一九九六）『文化の読み方／書き方』森泉弘次訳、岩波書店

サッチマン、ルーシー・A（一九九九）『プランと状況的行為：人間―機械コミュニケーションの可能性』佐伯胖監訳、産業図書

ブラウン、ティム（二〇一〇）『デザイン思考が世界を変える：イノベーションを導く新しい考え方』千葉敏生訳、早川書房

11　科学技術とイノベーションの行方

網盛一郎

◇「何をやったらいいかわからない……」

企業のみならず、大学や公的機関の研究開発の現場でさえ、最近このセリフ「何をやったらいいかわからない」をとてもよく耳にする。

一九五〇年代の三種の神器「白黒テレビ・洗濯機・冷蔵庫」、そして一九六〇年代の新・三種の神器「カラーテレビ・クーラー・自動車」に代表されるように、戦後・高度経済成長期は、「新しい機械・製品が社会を豊かにした時代」であった。当時の背景に日本の科学技術の発展があったことは言うまでもないが、いまやその主役たる研究開発の現場が「何をやったらいいかわからない」のだ。

「高度経済成長期は、欧米に追い付け／追い越せで、日本はフォロワーとして彼らの背中を目標にすればよかったが、フロントランナーになった今、目指すべきものがなくなった」と説明するのはたやすい。しかし、「何をやったらいいかわからない」という言葉からは、「本当にフロントランナーなのか？」という疑問がどうしてもつきまとう。

日本は戦後の高度経済成長期に欧米からさまざまな技術を獲得し、一九七九年に刊行された社会学者エズラ・ヴォーゲルによる『ジャパン・アズ・ナンバーワン』(1)という著書のタイトル通り、見事なまでの経済的発展を遂げた。一九八〇年代以降、自動車・半導体などの先端産業分野でも日本のシェアが高まるにつれて日米経済摩擦へと発展し、「ジャパン・バッシング（日本叩き）」という現象まで発生した。

しかし、二〇〇〇年頃からの中国の高度経済成長によって自動車・半導体などの産業が日本から中国にシフトし、アメリカの対中貿易赤字の増加によってアメリカは経済政策を中国重視にシフトした。その結果、「ジャパン・パッシング（日本軽視）」、さらには「ジャパン・ナッシング（日本無視）」のような状況に陥っている。そんな日本のどこが「フロントランナー」なのだろうか。

◇今の日本企業がやっていること

今の日本企業について少し考えてみよう。科学技術イノベーションや競争力の指標に特許出願数が用いられることが多い。そこで二〇〇六―〇八年の出願数比較を表1に示した(2)。すると、なんと日本は堂々の一位、ジャパン・アズ・ナンバーワン顕在じゃないですか……って、科学技術イノベーショ

表1　パテントファミリー＋単国出願数の各国比較

	国	件数	シェア（%）
1	日本	320,487	34.0
2	中国	149,471	15.9
3	米国	140,578	14.9
4	韓国	117,895	12.5
5	ドイツ	56,823	6.0
6	台湾	32,120	3.4
7	ロシア	27,183	2.9
8	イギリス	23,929	2.5
9	フランス	19,088	2.0
10	イタリア	13,682	1.5

ンや競争力の指標がぶっちぎりの一位なのに、どうして「何をやったらいいかわからない」んだろう。

答えは簡単。特許とは、産業上の権利を保護するためのもの。今も巨大市場を有する日本企業にとっては、新規事業で小さな市場を得るよりも、巨大市場の衰退をわずかでも食い止めた方が経営上の影響が大きいのは当たり前。つまり、既存事業の権利保護のために出願していたのである。

同じことをクレイトン・クリステンセンは『イノベーションのジレンマ』(3)で次のように指摘している。

破壊的イノベーションに直面したときに優秀な経営陣は、優秀であるが故に（既存の）顧客ニーズに応え、収益性を高め、技術的に実現可能で、堅実に資源を集中したいと考えて、判断を誤る。

既存事業のある大企業には「目指すべき何か」を見つけるためにリスクを取ることにインセンティブが働かないのである。

◇本当に日本は「目指すものなきフロントランナー」なのか？

高度経済成長期以降、日本では「リニアモデル」と呼ばれる「基礎研究」→「応用開発」→「製品設計」→「製造」→「販売」の研究開発手法が用いられてきた。[4] しかし、イノベーションのプロセスは時代と共に変化する。[5] 新しい科学技術≒イノベーションと考える人が多いが、新しい機械・製品が生活を十分豊かにすると、市場ニーズが必ずしも新しい科学技術を求めなくなってきた。そして市場ニーズの見えないまま研究開発を続けた研究者たちは、ついに口々にこう言うようになった。

今までにない、こんなにすごいものができたけど、何に使ったらいいかわからない。

……リニアモデルの末期的状態。イノベーションの動脈硬化が高じて、ついに脳梗塞・心筋梗塞を起こしてしまったのだ。果たして、この現状を「日本人の気質では仕方ない／欧米の狩猟民族には敵わない」とあきらめてしまっていいのだろうか……私はそう思わない。

ここに、二つの先駆者たちの例を挙げてみよう。

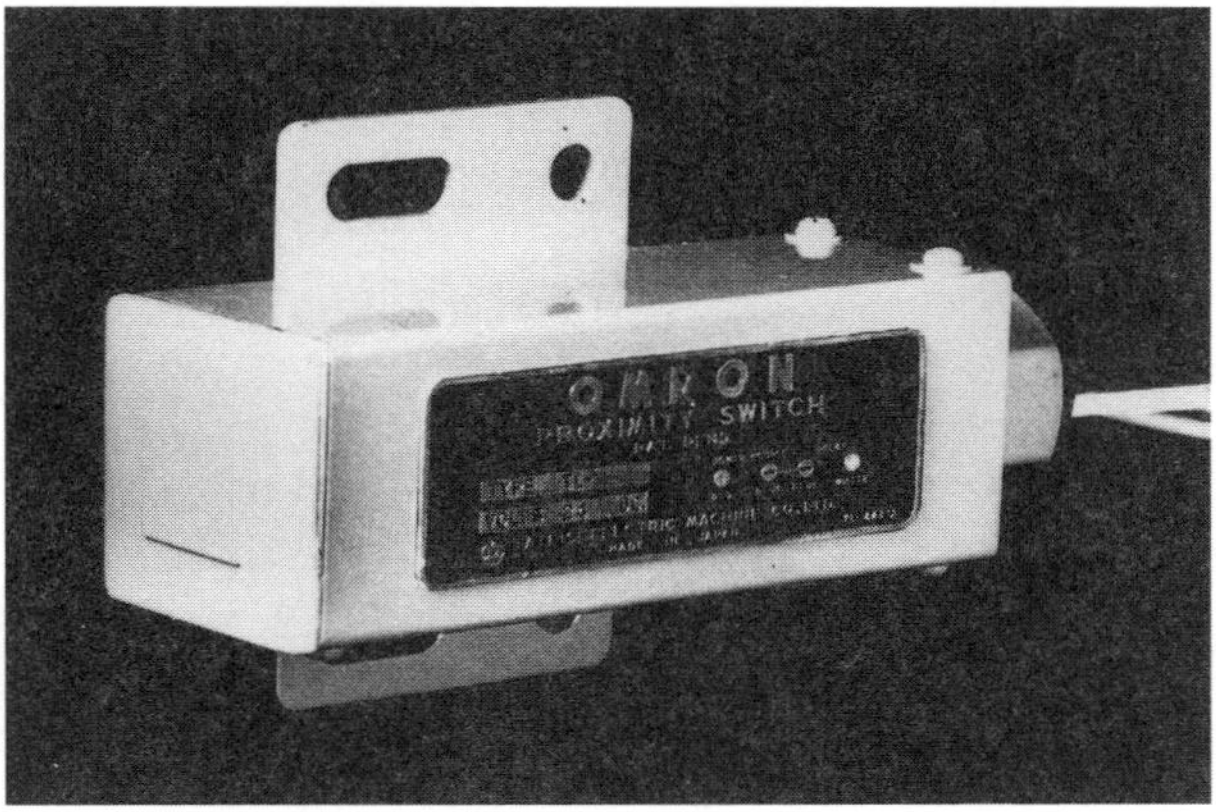

図１　オムロンスイッチ

◇オムロン(6)

一九五七年の立石電気（現・オムロン）は、初の国産マイクロスイッチやオートメーション機器で既に事業を確立していた一方、創業者の立石一真は大卒の技術者までも営業に据え、顕在化していない潜在的な「ソーシャル（社会）ニーズ」を発掘しようとしていた。そんな中、当時の一〇万回程度のスイッチの寿命を一億回にしたいというニーズを発掘、実に一〇〇〇倍の性能向上である。しかし、オートメーション機器が高度化するとスイッチの動作が飛躍的に増え、当時既に工場では一週間でスイッチ交換のためにラインを止めなければならないこともあった。このロスは甚大である。既存技術の延長ではできないのは明らかだったが、それを実現する技術を有する専門家などどこにもいなかった。

その頃、ソニーが世界初のトランジスタ・ラジオを発表した。新しい物好きの立石は早速一台購入し、就寝前にベッドでラジオを聴いていて、ふと閃いた。

「トランジスタなら寿命が半永久的。無接点スイッチにうってつけじゃないか」。

立石は、若干二六歳の主任・山本通隆をはじめとする通称「七人の侍」に「何か使えるはずだ。研究してみろ」とだけ指示した。当時はトランジスタを作るための文献はあっても、トランジスタの応用に関するものはなく、スイッチにトランジスタを使うという初めての試みにトランジスタの専門家ですら「スイッチに使えるんですか?」と質問するほどであった。山本はそれでも「回路を分割して無接点リレーとせよ」と命じ、メンバーはこれに反発。それでも立石の「できませんと言うな」という考えが浸透している山本は「やってみろ」と譲らない。そうして二年かけて一九六〇年に完成にこぎつけたのが「無接点近接スイッチ」だった。

後にわかったが、先進国アメリカでもGE社などの大手が同じ開発を進めていた。にもかかわらず、日本の中小企業である立石電気が先に完成させてしまったのである。しかも、最初に「大阪国際見本市」で「夢のスイッチ」として発表したものの、その使い方はよくわからなかったそうだ。そして、その後自動販売機のコインカウンターや自動車・新幹線のメーターなど、あらゆるところに使われることになった。

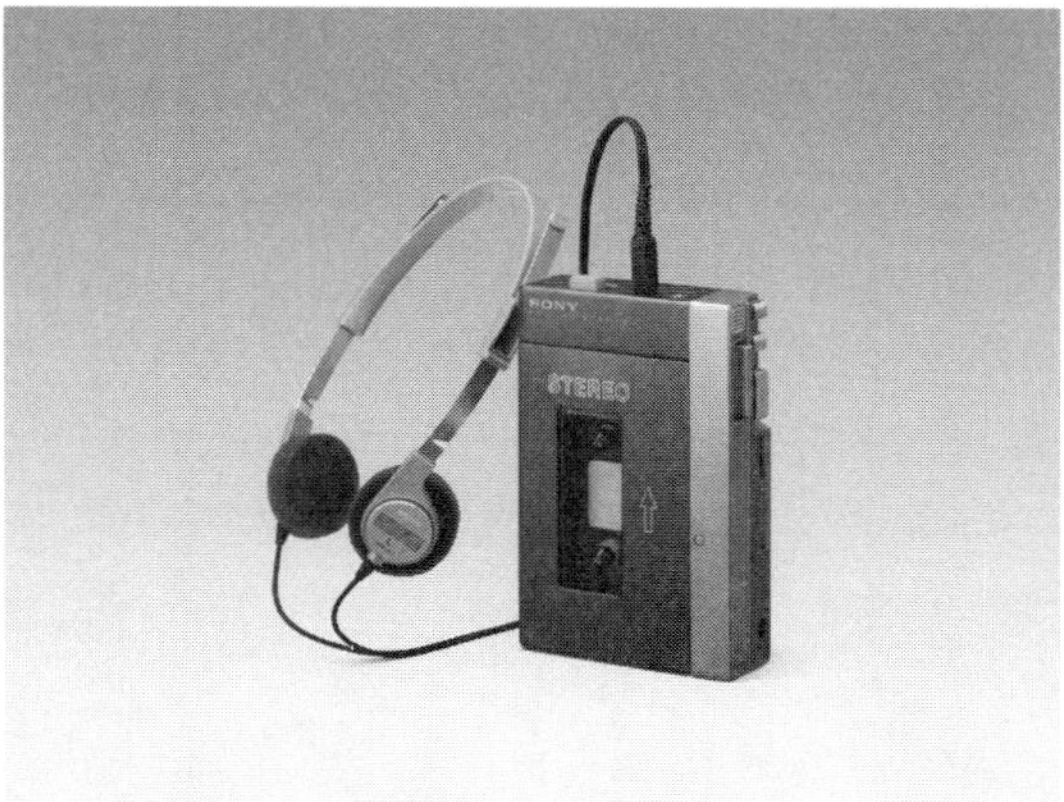

図2　初代ウォークマン TSP-L2

◇ソニー⑦

一九七八年、当時既にオーディオ・ヴィジュアルの分野で事業を築いていたソニーでは「ウォークマンの原型」が披露されていた。これは、一人の若いエンジニアが「プレスマン」という小型カセットレコーダーからスピーカーを取り去り、再生ヘッドをステレオに変えて改造して、自分専用のカセットプレイヤーとして楽しんでいたもので、テープレコーダー事業部の商品企画のラインナップに計画されていたものではなかった。

これを見たデザインセンターの黒木靖夫（工業デザイナーで後にクリエイティブ本部長・取締役、「Mr.ウォークマン」と呼ばれた）は、「こりゃすごいや。面白い」と叫び、デザインセンターで開かれていた経営者への試作品のデモ「クリエイティブ・リポート」で創業者の井深大と盛田昭夫に見せた。中でも盛田はとても興味を示した。

「今の若い人は音楽なしじゃ生きていけない。いつでもどこでもいい音楽が聴けるようになったら若者の必需品になるよ」。

そして、計画になかったこの試作品はすぐさま商品化へ……とはならなかった。録音できないテープレコーダーを売ったことのない営業が「売れるわけがない」と主張したからだ。そのとき黒木は盛田にこう言ったそうだ。

「私たちはこれをティーン・エイジャーに売ろうとしているのです。それを四〇歳以上のあの人たちに言っても無駄ですよ」。

そこで、黒木は一〇〇人の若者を集めて試作品で音楽を聴かせた。すると、商品説明をせずとも五人に一人はリズムに乗って体を動かすという反応に、「これはいける」と確信、一九七九年七月にウォークマン TSP-L2 が発売された。そしてご存じの通り、ウォークマンは爆発的にヒットしたのである。

二つの例はどことなく通じるものがある。「ソーシャルニーズ」「自分が欲しい」という動機は一見バラバラであるが、どちらも技術開発の延長線で作っているものではない。確実にできる範囲で妥協せず、感覚的だが明確な目標があり、非常識と周囲に反対されてもぶれない、クリステンセンの指摘する大企業経営とは異なる資質——彼らは紛れもなく「目指すべきもの」を持ったフロントランナーだったのだ。

表2　iPhone 5s と Galaxy S4 のスペック比較

	iPhone5s	*Galaxy S4*
バッテリー	1570mAh	2600mAh
ディスプレイサイズ	約4インチ	約5インチ
ディスプレイ解像度	1136×640	1920×1080
画素サイズ	326ppi	441ppi
本体重量	112g	134g
プロセッサ	1.3GHz（2コア）	1.9GHz（4コア）
メモリ	1GB	2GB
連続通話時間（3G）	10時間	6時間
連続待受時間	250時間	360時間
アウトカメラ	800万画素	1320万画素
インカメラ	120万画素	210万画素

◇Apple vs. Samsung：ユーザはスマホをどうやって選ぶ？

ここで話を現代に戻し、スマートフォン（スマホ）の Apple vs. Samsung について考えてみよう。今でこそ世界シェア一位は Samsung であるが、それでもなお「iPhone は Android より使いやすい」という声を聞くことは多い。「使いやすさ」という感覚的なものへの妄信的なまでの愛着ぶりが「Apple 信者」「林檎教」などと揶揄されることもあるが、スワイプの速度感のようなユーザインターフェースの自然さや、ボディの高精度加工へのこだわりは、他社には見られない特徴である。

製品比較ではよく「カタログスペック」が取り上げられる。そこには、解像度、重さ、連続待受時間、通信速度、ワンセグ、おさいふケータイなど、技術用語が並んでいる。これを見れば、解像度は高い方がいいし、重さは軽い方がいいし、待受時間は長い方がいいし、通信速度は速い方がいいし、ワンセグも、おさいふケータイもあった方がいい、と考えるだろう。

ということで、iPhone（５S）とGalaxy（S４）のスペックを比較してみたら、iPhoneが勝っているのは重さと連続通話時間くらいである（表２）。「Galaxy が iPhone に勝つのは当然」となりそうだが、実はここには「使いやすさ」の項目はない。スワイプの自然さもボディの加工精度も出てこない。ここにフロントランナーとフォロワーの違いが現れているのだ。

フォロワーは製品の真似はできる。そして、リニアモデルによって確実にスペックの高いものは作れる。しかし、「使いやすさ」のような「心地よさ」「共感」という感覚的なものは予測する理論や法則がないので、真似すらおぼつかない。その結果、「競合より高性能で低コスト」を説明立証可能な良いものだと考えるようになる。これがフォロワーの行動モデルである。

人が新しい機械・製品に初めて触れたとき、カタログスペックではなく、直感的に「わぁ、あったら素敵」と感じることで興味を持つ。工業デザイナーであるソニーの黒木が「こりゃすごいや。面白い」と叫んだ直感。企業でそんなユーザの直感を扱っているのは、商品コンセプト・工業デザイン・広告などに携わるクリエイターやデザイナーだ。デザイナーは科学技術的な法則や理論に基づいてデザインをするわけではなく、自分のセンスでユーザに直感的に伝わるようにデザインする。直感的なわかりやすさが人の共感を呼び、結果的に社会全体に受け入れられるものになる。ところが、デザインというと未だに「絵を描く」「格好よくする」と考える人が多い。

俺たち（エンジニア）が新しい製品を作ったから、格好よくしといて。

従来のリニアモデルでは開発が終わってから、製品の見栄えをよくしたり、製品の広告・宣伝をしたりするためにようやくデザイナーが登場する。「パッケージや名前を変えただけで売れた」という例は枚挙にいとまがないのに、研究開発の現場では未だに製品の良し悪しを決めるのはカタログスペックで、ユーザの直感は二の次である。

クリステンセンの指摘した大企業におけるイノベーションのジレンマ。定量的に良し悪しを立証可能なカタログスペックか、デザイナーの直感か。ここが「目指すべき何か」が見えるか否かの分水嶺ではないだろうか。

◇先駆者たちに見えていたもの

では、先駆者たちに「目指すべき何か」は一体どう見えていたのだろう。

彼らは既にあるものの改良をしていたわけではなかった。彼らは今そこにはないもの、でも心から「欲しいもの」をイメージしていた。そのぶれない「欲しいもの」のイメージに、「七人の侍」のメンバーの中には「無理だ」と反発するものもいたし、ソニーの営業は「売れない」と思った。しかし、結果は一億回のスイッチ寿命という社会ニーズを満足させ、音楽を携帯するという若者ユーザの共感

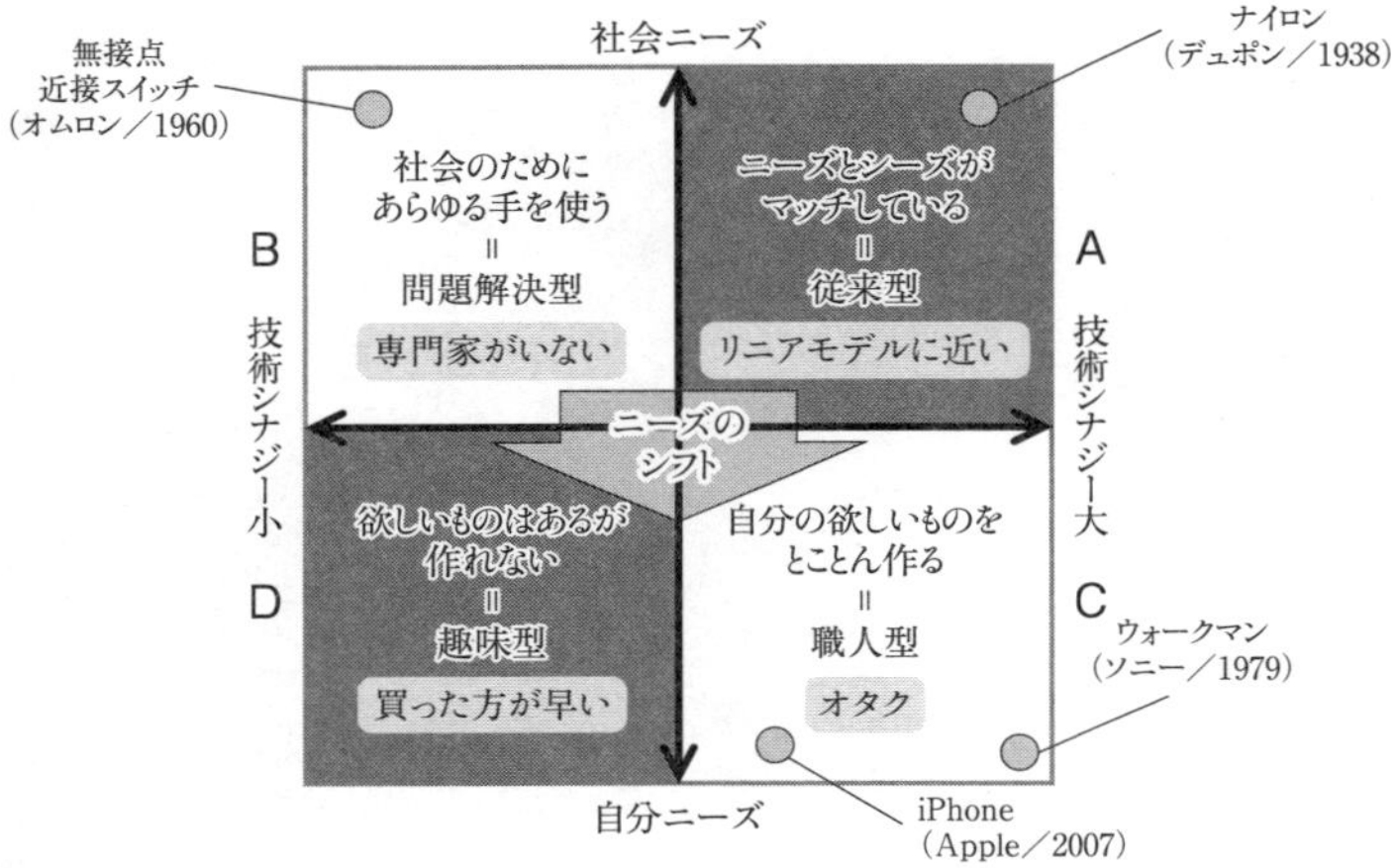

図３　ニーズ軸と技術シナジー軸による「目指すべきもの」のマップ

を生んだ。

時として、専門家が予測できる「良いもの」と、ユーザが望み、社会が受け入れるものとは一致しない。技術的成熟を遂げた日本企業は、新規事業に取り組む際にも確実性を求めるあまり「予測できること」に固執し、ユーザや社会のことを理解できない専門家になってしまっている。だからこそ「何をやったらいいかわからない」状態なのだ。

そこで、「社会ニーズ」と「自分ニーズ」からなるニーズの軸と、企業がニーズを満たすために必要な技術を有するかの技術シナジー軸によるマップを作ってみた（図３）。四象限からなるマップのＡの「社会ニーズ×技術シナジー大」は、社会ニーズ（多くの人が求めるニーズ）に自社の技術で応えるという「従来型」である。ここにはリニアモデルが適用できる。

Ｂの「社会ニーズ×技術シナジー小」は、「技術はなくとも何とかして社会ニーズに応える」という問題解決型の領域である。もし社会ニーズが既存技術で解決できるなら技術シナジーのある企業が従来型で取り組むことになるので、ここは「その問題の専門家がいない領域」ということになる。

Cの「自分ニーズ×技術シナジー大」は、「自分の欲しいものを高い技術で実現する」という職人型の領域である。もっとわかりやすく言えば、自分の好きなものや興味のある分野にとことん没頭する「オタク」である。

Dの「自分ニーズ×技術シナジー小」は趣味型としたが、あるなら買ってくればいいし、ない場合は誰も助けてくれないので、ここではイノベーションは起きない。他にもたくさん欲しい人がいることで社会ニーズになるか（問題解決型）、それに共感するオタクが現れるか（職人型）のいずれかにシフトすると思われる。

ではこのマップでイノベーションの例を整理してみよう。一九三八年にエルテール・イレネー・デュポンが発明したナイロン(8)は、企業内で基礎研究から製品化、販売までを全て行った典型的なリニアモデルと言われている。企業の中央研究所ブームの幕開けとなり、以降、企業がリニアモデルによる研究開発を行うきっかけとなった。企業が得意な技術を活かして社会ニーズを満たし、社会が成熟していったのである。

オムロンの無接点近接スイッチは、問題解決型の典型である。営業が見つけてきたスイッチの寿命という潜在ニーズに、いち早くオムロンが必要な技術を社外からかき集めて開発した。スイッチ分野では有力企業でこの問題が重要であるという実感はあったが、技術的な原理が全く異なったのである。

一方、ウォークマンは職人型の典型、若いエンジニアが自分が楽しむために作ったものだった。どこでも音楽を聴きたいというニーズを満たした試作品は、世の中の音楽好きの若者の共感を呼び、ヒットしたというわけだ。

実はiPhoneも似たような経緯があった(9)。二〇〇五年当時、Appleは携帯電話技術を持つモトローラと手を組み、モトローラのカメラ付き携帯電話RAZR（レイザー）にiPodを組み込んだROKR（ロッカー）が生まれた。しかしROKRはいかにも寄せ集めのような製品で、格好も悪いし、使い勝手も悪い。それに怒ったスティーブ・ジョブズが、「モトローラみたいなアホな会社と付き合うのはうんざりだ。自分たちでやろう」と、自分たちの欲しいものにこだわり抜いて作ったのがiPhoneなのである。

問題解決型イノベーションは大抵の場合顕在化した社会ニーズであるから、その通りに実現すれば社会に受け入れられやすい。しかし、技術シナジーの小さい企業にとってはリスクが高く、敬遠されがちである。それでもオムロンが無接点近接スイッチを作ることができたのは、創業者立石一真の「できませんと言うな」の精神と、それを実践できた山本がいたからだろう。ここには、当時既に事業を確立していた立石の「直感に裏付けられた自信」とそれを共有していた山本の関係が見える。

社会が未成熟で社会ニーズが豊富にあり、科学技術の進歩が社会ニーズに応えやすかった時代は、技術シーズを社会ニーズに転換させやすかったのでリニアモデルが適用でき、従来型のイノベーションを起こしやすかった。ところが社会が成熟すると、生活が満たされ、人のニーズが多様化する。社会ニーズがなくなったわけではないが、科学技術の進歩で応えられるものがだんだん少なくなり、問題解決型はどんどん難しくなっていった。一方でニーズの多様化により重要度が高まってきたのが職人型イノベーションである。

職人型イノベーションでは、きっかけは誰のニーズであってもよい。しかし、「単なる一個人の思いつき」を企業で製品にすることはまずない。ではなぜウォークマンは生まれたのか。そこには、見た瞬間「こりゃすごいや。面白い」と直感を働かせた工業デザイナー黒木靖夫の存在がある。そして、一目で価値を見出した創業者盛田昭夫と井深大の存在がある。しかも、ここでやり取りされたのはカタログスペック比較でも、膨大な市場調査結果でもなく、試作品が与える直感だけだった。

自分たちの技術領域と社会ニーズがマッチしている従来型では、基礎技術に裏打ちされたソリューションを応用開発することで成功する、というストーリーを描くことができた。しかし、問題解決型ではそこに社会ニーズがあるとわかっていても、そのソリューションを提供できるかどうかを専門性によって予測することができない。そのため、立石や山本のような「この問題を解決せねばならない」という強いミッション（Mission）意識が直感という不確実なものを支える。一方、職人型では既存市場はなく、市場規模はおろかそこに市場があるかすら直感に頼ることになる。しかし、もともと自分たちが持っている技術シーズを使ったウォークマンのようなソリューションは多くの人の共感を呼ぶだろうという黒木や盛田のようなヴィジョン（Vision）がそれを後押しする。つまり問題解決型はMission-orientedであり、職人型はVision-orientedである。

冒頭で示した「何をやったらいいかわからない……」というのは「自分たちの技術力をどう活かせばいいかわからない」ということである。技術はある。しかし、確実に成功しようとすればするほど今見えている社会ニーズに固執し、従来型のリニアモデルに陥ることになる。

であればこそ、Vision-oriented な職人型イノベーションを目指してはどうだろうか。もともと技術シナジーの高い領域なので投資リスクは小さい。結果として市場が小さいローリスク・ローリターン事業は可能であるし、場合によってはウォークマンのような巨大市場にもなり得る。研究開発と市場の間には「ダーウィンの海」、すなわち成功の予測が困難な淘汰のプロセスがあるという考え方があり[10]、いわゆる「選択と集中」ではなく「多産多死」こそ、経営あるいは科学技術政策の観点で有効な戦略である。

そして、そのような職人型イノベーションを起こすために今の日本企業に欠けているのが、黒木のような存在＝デザインなのである。デザイナーはこれまでのように製品の色や形をデザインするのではなく、まず Vision を具体化するような未来社会をデザインする。優れた Vision の未来社会に描かれた「新しいもの」は、あたかも昔からあったかのように調和して存在することだろう。エンジニアはその「新しい製品・機械」のために必要な研究開発に取り組み、Vision をユーザに示すための試作品を作る。試作品は必ずしも Vision の全てを表現できるものではない。デザイナーの役割は、試作品に触れたユーザの反応を観察し、「こうやったらもっと面白くなるよね」という新たな試作品の方向性をエンジニアに提案する。

エンジニアだって人。そうやって擦り合わせていくうちに、やがて共感するし、共感すれば「ああ、これを作ればこんな社会がやってくるんだ」と直感でイメージするようになるだろう。目指すべき目標を見つけたときのエンジニアの力は計り知れない。ジュール・ヴェルヌの『月世界旅行』の宇宙船も、『スタートレック』の携帯電話も、『スターウォーズ』の3Dディスプレイも現実のものとなったのだから。

Vision は決して特別なものではない。本書の中で描かれているさまざまな未来像の全てもまた Vision である。「その未来は確実か」「その未来は正しいか」ではなく、「ワクワクするような未来」を自らの直感で描くことができれば、それを日本の高いレベルの科学技術で実現しようとするその先に、素晴らしいイノベーションが広がっていることだろう。

注

(1) エズラ・F・ヴォーゲル『ジャパン・アズ・ナンバーワン』広中和歌子／木本彰子訳、阪急コミュニケーションズ、二〇〇四年

(2) 科学技術・学術基盤調査研究室『科学技術指標二〇一三』科学技術・学術政策研究所、二〇一三年、一三三―一四一頁

(3) クレイトン・クリステンセン『イノベーションのジレンマ：技術革新が巨大企業を滅ぼすとき　増補改訂版』玉田俊平太監修、伊豆原弓訳、翔泳社、二〇〇一年

(4) 北陸先端科学技術大学院大学知識科学研究科監修、杉山公造／永田晃也／下嶋篤編『ナレッジサイエン

ス：知を再編する64のキーワード』紀伊國屋書店、二〇〇二年、二〇二―二〇五頁

(5) Kline, S. J. (1985) "Innovation is not a linear process," *Research Management*, 28(4), 36-45.

(6) 湯谷昇羊『「できません」と云うな：オムロン創業者　立石一真』新潮社、二〇一一年、一二二―一三四頁

(7) 黒木靖夫『ウォークマンかく戦えり』ちくま文庫、一九九〇年、四三―七一頁

(8) 西村吉雄「ナイロン」野中郁次郎／西村吉雄／西野壽一編『ＭＯＴ　大企業における技術経営』丸善、二〇〇六年、一六二―一六三頁

(9) ウォルター・アイザックソン『スティーブ・ジョブズ２』講談社、二〇一一年、二七八―二九三頁

(10) Auerswald, P. & Branscomb, L. (2003) "Valleys of death and Darwinian seas: Financing the invention to innovation transition in the United States," *The Journal of Technology Transfer*, 28, 227-239.

第3部

身体と技術的環境の行方

最後の第3部では、身体の問題を中心課題として検討と論議を進める。ここまで、第1部と第2部において、人間と機械の関係をさまざまな角度から検討してきた。その中から浮かび上がってきたキーワードは、たとえば「デザイン」であり、「環境」であるが、ここで扱う「身体」も、常に意識され続けてきた課題であった。第3部ではそれを真っ正面から取り上げることにしよう。

まず、技術哲学を専門とする石原孝二が、ロボットの心の問題と並行して、情報論的身体論についての議論を整理している。そもそも人間がロボットを作ろうとしているのは、人間にできない作業や人間がしたくない作業を肩代わりしてもらうためだ。そのロボットが人間と同じ心をもつことは、そもそもの出発点からして不可能だ。そして、「人間を機械から区別するものは、切り離された、普遍的な、非物質的な精神ではなく、入り組んだ、ある状況に置かれている、物質的身体である」という、哲学者ヒューバート・ドレイファスの言葉を引用しながら、身体こそが情報に意味を与えるものであることを再確認する。

続いて、生態心理学者の佐々木正人と、私・佐倉統の対談。心理学の歴史においても、常に身体の問題は意識され続けてきており、浮かんでは消え、浮かんでは消えを繰り返してきた。なぜ身体が繰り返し注目されてきたのか、そして、にもかかわらず、心理学の歴史から消えていったのか。科学の歴史が、決して「真実」を追求するだけではないことが示される。

対談の後半は、佐々木が文楽の研修生をしていたころのエピソードを交え、技を習得すること、技や人工物が身体になじむとはどういうことかについての考察が続く。張力と圧縮力のバランスを表す概念としてバックミンスター・フラーが導入した「テンセグリティ（tensegrity）」をキーワードとしつつ、機械と身体の境目は明確ではないことを再確認し、機械の操作に成熟する（＝なじむ）ことは劣化することと同じという達見（？）が披露される。

最後に佐倉が、進化生物学から見た人間と機械の関係を考察する。生物としてヒトを位置づけたときの特徴のひとつが、その人工物も含めた文化的現象の厚みである。つまり機械は人間にとって不可欠な存在であり、人間と機械を合わせてひとつのシステムとみなすことの正当性は、進化を視野に入れることでさらに説得力を増す。しかし両者の関係は、複雑だ。それを象徴しているのが文学作品に登場する機械で、力強い肯定的なイメージと、不気味で怪しげなイメージと、両極端な存在として描かれていることが多い。人間と機械の未来は、今後ますます一体化が進み、人間はサイボーグ化していくだろう。それが、人間の進化の方向なのである。

（佐倉　統）

12　ロボットと心／身体の行方

石原孝二

◇ロボットと心

人間と機械との違いを考察するうえで、しばしば問題になる問いは「心とは何か」というものである。「心とは何か」という問題は、従来哲学者の関心事だったが、近年この問題はロボット学者たちによっても追究されるようになってきている。ヒューマノイドなどのロボットは、人間が人間を理解するための新たなプラットフォームとなっているのである。

外観が限りなく人間に近い「ジェミノイド」の制作などで世界的な注目を集めてきた石黒浩は「人間とは何か」という問いに挑戦しているロボット工学者の一人である。石黒は、もし「近い将来、人間のような心を再現できるロボットが我々の社会の中で活動するようになり、その姿形にこだわらず、我々が社会の一員として無意識にでも認めた」とするならば、「そのようなロボットを分解してみれば、『ロボットが持つ人間らしい心は何であるか』が分かるはずである」と述べる（石黒、二〇〇九、一五六頁）。しかしまた、いくらそのロボットを分解してみても、そこには、「我々が期待するような歴然とした心はない」だろうとも石黒は予想する。人間と同じような心を再現しているはずのロボットを分解してみても、心を見出すことができないのであれば、そもそも、我々が「心」として実感しているものは実体の無いものなのではないか。他方でまた、心があるという実感は根強く、否定しがたいものである。そこで石黒は次のように述べる。「私も、論理的には心の存在を認めていないものの、実感としては心の存在を感じる。いわば、確信をもって否定できない人間の一人である」（同書、一五九頁）。

◇ロボットに心を実装することはできるのか

ロボットは本当に心を持つことができるのだろうか。この問題への回答はもちろん「心」の定義によって変わってくるが、「人間のような心」ということに限定すれば、ロボットにそうした「心」を実装することは不可能である、と私は考える。人間の「心」が持つような機能を完全に備えた「心」をロボットが持つためには、そのロボットは人間と同じ道徳的主体である必要がある（石原、二〇〇八、一八九頁）。人間の「心」がどのようなメカニズムを持っているのかということが重要なのではなく、「人間」と見なすことができる存在はどのような存在なのか、ということが重要なのである。

先の石黒からの引用では、我々が社会の一員としてロボットを（無意識にでも）認めたならば、という条件がつけられていたが、この条件は重要な意味を持っている。我々がロボットを社会の一員として、つまり、人間と全く同じ道徳的主体として見なすようなことになるようならば、ロボットは、人間と同じような「心」を持つにいたったと言えるだろう。しかし、ロボットに道徳的地位を与えること自体が不可能なことであるように思われる。そもそも人間がロボットを開発し、利用する動機は、人間の作業の一部をロボットに肩代わりしてもらう、ということにある。もしロボットが人間と全く同じ道徳的地位を持ったならば、そのような肩代わりは難しくなるだろう。人間は人間と全く同じ道徳的地位を持ったロボットを作り出す動機を欠いている。そうしたロボットを実現するために必要とされる膨大な研究開発費や資源の消費、社会的コストを考慮するならば、そのようなロボットは実現可能なものではない。クリアしなければならない技術的な問題が無限にあるだけでなく、仮に技術的問題がクリアされたとしても、そのようなロボットを社会の中で位置づけていくための社会的制度の変革が必要になってくる。「人間のようなロボットを作りたい」という願望自体が仮に受け入れ可能なものだとしても、その願望を実現するためのコストは人間社会にとって受け入れ可能なものではないだろう。

もちろん、「人間のようなロボット」の実現が遠い未来のことである限り、人間は少しでも人間に近い振る舞いをする機械を作ろうとするかもしれない。人間に近いロボットであるほうがいろいろと便利なこともあるだろう。しかし、本当に人間に近いロボットを作るとなると、話が変わってくる。

そのようなロボットは、その道徳的地位をめぐっていろいろと厄介な問題をもたらすことになる。道徳的な地位があいまいな人工物の存在は、人間社会の基盤に混乱をもたらすことになるかもしれない。一見人間のように見えるロボットを作ることは比較的容易だが、真に「人間のような機械」を作るには膨大なコストがかかる。そのようなコストをかけて、人間社会にとってリスクがあり、あまり利益のなさそうな人工物を人間が作り出すとは思えない。

◇意味と身体性

ロボットが人間のような「心」を持つことができるのかという問題に関して、ここでは「情報」の価値という観点から考えてみることにしたい。この点に関して、橋田浩一の一九九五年の論文が興味深い論点を提出している。橋田によれば、（初期の）人工知能研究は、クロード・シャノンの情報概念に依拠して進められていた。シャノンのいう情報とは、「媒体を選ばずに、無制限に複製をつくったり変換したり伝達したりできるという意味においてモノ性をまったく持たない『純粋』な情報」（橋田、一九九五、一五頁）であった。ところが、実世界では、情報は何らかの物理的媒体によって担われているため、情報処理は不完全なものにならざるを得ず、そこに「部分性」が生じる。ところが、ここに「根本的な逆説が潜んでいる」と橋田は指摘する。というのも、この部分性こそが「情報の起源」にほかならないからである。「情報とは環境の分節であり、分節の目的は行為の選択であり、選択の必要性は部分性に由来する。入力を部分的にしか行為に反映させられないからこそ、入力のどの側面を行為に反映させるかという選択を迫られるのである」（同論文、同頁）。純粋な情報にとって物理的媒体によって担われているという部分性は、一見制約でしかないように思われるが、この制約こそが、情報の価値を生み出すものであり、また、情報そのものを生み出すものだと言える。そうだとすれば、実は「純粋な情報」という考え方そのものが幻想なのだということになるだろう。

ポーランドのSF作家スタニスワフ・レムは、『宇宙世紀ロボットの旅』の「盗賊『馬面』氏の高望み」というエピソードで、情報の価値に関する興味深い寓話を提示している（レム、一九七六）。「主人公」であるロボットの宙道士トルルとクラパウチュスは宇宙海賊「馬面」に捕まり、「馬面」から「世界の真実の情報のすべてを引き出す」ように脅迫される。そこでトルルは、小さな箱の小さな穴から、意味の持った情報だけを抜き取る能力を持つ、「二流の悪魔」を差し出す。悪魔は穴からあらゆる情報を取り出して紙テープに記録するのだが、悪魔は昼夜の別なくのべつまくなし働くため、結局盗賊「馬面」は意味はあるが役に立たない情報を記したおびただしい量の紙テープに押しつぶされてしまうのである。このSFは、情報がそれ自体では役に立たないことを示した物語であると言える。

情報が価値を持つためには、あるいはそもそも情報が情報として成り立つためには、情報を利用する利用者の関心体系に位置づけられ、「関連性（relevance）」を持つ必要がある。橋本の論文とレムの寓話はそのことを示している。ハイデガーとメルロ＝ポンティに依拠しながら初期の人工知能研究に対して批判を展開したヒューバート・ドレイファスは、この関連性の問題を「身体性」と結びつけて論じていた。人工知能批判の書として有名な『コンピュータには何ができないか』でドレイファスは次のように述べている。

人間の振る舞いがデジタル・コンピュータのヒューリスティック・プログラムによって形式化できるはずだという、心理学的、認識論的前提の支持者たちは、現段階において少なくともコンピュータは明らかに身体をもっていないのだから、人間が身体をもっているという事実を無視した知的振る舞いの理論を立てざるを得ない。身体なしで済ますことができると考えるとき、これらの思想家たちはまたもや、身体を知性や理性の妨げになると見なしてきたプラトンからデカルトに至る伝統に従っているのである。（中略）どれほど巧妙な機械が組み立てられようと、人間を機械から区別するものは、切り離された、普遍的な、非物質的精神ではなく、入り組んだ、ある状況に置かれている、物質的身体であるということである。（ドレイファス、一九九二、四〇一―四〇二頁）

人間の知的振る舞いが可能であるのは、人間が身体を持ち、「欲求の関数」としての状況の中に埋め込まれているからなのだとドレイファスは考える。有意味なコミュニケーションや相互作用が成立するのも、そうした身体を有した人間による、共有された関心の文脈においてのみなのである（同書、一一五頁）。知性の実現にとって、身体性や状況性が重要であるということは、後に人工知能研究や認知科学、ロボティクスなどにおいて広く受け入れられていくが（Ishihara, 2007: 210-220; Ishihara 2014: 51-52; 石原、二〇〇八、一八七―一八八頁）、身体性や物理的制約を捨象して考える傾向にあった初期の人工知能研究に対しては、ドレイファスの批判は原理的な批判となっていた。

だが身体性が大事ということであれば、まさに身体性を持ったロボットに人工知能を実装すればいいのではないか。ドレイファスはこの可能性を必ずしも否定していないように思われる。「人工知能が可能かどうかという問いは、身体を持った人工行為者が可能かどうかという問いにまで収斂する。（中略）（人間を形づくっているものに十分似た材料を用いるならば、身体を持った人工行為者を作ることが原理的にできないとする理由はない、と私は思っている）」（ドレイファス、一九九二、四二八頁）。人間と同じような身体を持ち、また、「欲求の関数」としての状況を作り出す能力、すなわち、自己保存能力を実装されたロボットを作ることができれば、人間と同じ知的能力を実装することができることになるのではないだろうか。

しかし、前節で述べたような理由から、ロボットに人間と同等の自己保存能力を実装することは不可能であり、実装される自己保存能力は、人間のそれと比べて極めて限定されたものになるだろう。そうだとすれば、人間同士で行われるのと全く同等の有意味なコミュニケーションがロボットと人間の間、あるいはロボット同士で行われるのは不可能であるということになる。

◇人間の本来の能力とは何だろうか

以上述べてきたように、私はロボットが人間と同等の「心」を持ったり、ただし、人間と対等な立場でコミュニケーションを行うということは将来的にもありえないと考えている。人間と同等のロボット開発を究極の目標として掲げることは研究開発を進展させるうえで何か意味があるかもしれないし、また、これまで人間が担ってきた機能の一部をロボットが代替していくことが進展していくということも十分あり得るだろう。

サイバネティクスの創始者であるノーバート・ウィナーが一九五〇年に出版したサイバネティクスの入門書には、『人間の人間的利用：サイバネティクスと社会』というタイトルがつけられている（Wiener, 1950, 1954; ウィナー、一九七九、一九九九）。ウィナーは「通信（communication）」と「制御（control）」を統一的に扱うものとしてサイバネティクスを構想し、機械と人間の間、そしてまた機械同士のコミュニケーションの研究を進めたが、そうしたウィナーが「人間の人間的利用」という言葉をサイバネティクスの入門書のタイトルとして選んだことは興味深い。このタイトルの意味は、一九五四年の第二版では削られてしまった個所で説明されている（第二版の邦訳にはこの個所も訳出されている）。ウィナーによれば、この入門書は、権力者が追求しかねない「人間の非人間的な利用」、つまり、「人間の機械化」に反対するために書かれたものである（ウィナー、一九七九、一九九九、二三頁）。人間が本来持っている能力以下のものとして人間を扱うことは人間の冒瀆であり、浪費なのだとウィナーは主張する。ウィナーは、サイバネティクスがこうした「人間の機械化」に利用される危険性を感じていたからこそ、「人間の人間的な利用」に寄与するものとして、サイバネティクスを提示したかったのではないだろうか。

しかし人間の「本来の能力」とは一体何だろうか。現在の我々の社会的環境は、様々なテクノロジーによって媒介されている。現在の子供の教育環境をみても、情報コミュニケーション技術は隅々まで入り込んでいる。人間の能力を増強する技術やコミュニケーションのプロセスを一部代替する支援技術の利用がもたらす問題のうち、はっきりとした問題として認識されやすいものの一つとして、能力評価に関する公平性の問題がある。能力評価に関しては、たとえば学力試験においては、物理的に会場から支援技術を排除することによって、受験者の「生身」の能力を測るという措置がとられる。しかしもちろん、配慮が必要な障害を持つ受験者には、適切な支援技術の利用が認められることが多い。現在の社会において、果たして「生身」の能力を測るだけでいいのかという問題もあるだろう。機械やコンピュータによって支えられた環境の中で、また、それらに媒介されながら発揮される人間の「本来の能力」とは一体何なのかという問題に関する議論を進めていくことが現在の課題となっている。

機械やコンピュータは、人間の能力を超えているように見えるが、結局それらは人間の創造的な能力の中に組み込まれていくものであろう。私たちは機械とのかかわりの中で新たな人間の能力を見出していく経験を通じながら、人間の「本来の能力」や人間と機械と関係性のあり方を探っていくことになるのではないだろうか。

※本稿は二〇一三年一〇月八日に行われたヒューマンルネッサンス研究所（ＨＲＩ）研究会での講演の書き起こし原稿をもとに大幅に加筆修正したものです。講演の書き起こし原稿を作成していただいた株式会社ヒューマンルネッサンス研究所澤田美奈子氏に感謝申し上げます。

引用・参照文献

Dreyfus, H. L.（1972, 1979, 1992）*What Computers Still Can't Do: A Critique of Artificial Reason*. The MIT Press.

Ishihara, K.（2007）"Reductionism in the synthetic approach in cognitive science and phenomenology: Rethinking Dreyfus' critique of AI, In: Cheung Chan-Fai & Yu Chung-Chi（eds.）. *Phenomenology 2005*, Vol.1. Zeta Books, pp. 211-228.

Ishihara, K.（2014）"Roboethics and the synthetic approach: A perspective on Roboethics from Japanese Robotics Research., In: Michael Funk & Bernhard Irrgang（eds.）. *Robotics in Germany and Japan: Philosophical and Technical Perspectives*. Peter Lang, pp. 45-58.

Wiener, N.（1950, 1954）*The Human Use of Human Beings: Cybernetics and Society*. Doubleday, Anchor Books.

石黒浩（二〇〇九）『ロボットとは何か：人の心を映す鏡』講談社現代新書

石原孝二（二〇〇八）「心・脳・機械：脳科学技術の現在」、村田純一編『岩波講座　哲学　第五巻　心／脳の哲学』岩波書店、一七五―一九四頁

ウィナー、ノーバート（一九七九、一九九九）『人間機械論：人間の人間的な利用　第2版』鎮目恭夫／池原止戈夫訳、みすず書房
ドレイファス、ヒューバート・L（一九九二）『コンピュータには何ができないか：哲学的人工知能批判』黒崎政男／村若修訳、産業図書
橋田浩一（一九九五）「人工知能における基本的問題」『人工知能学会誌』第一〇巻第三号、三四〇—三四六頁
レム、スタニスラフ（スタニスワフ）（一九七六）『宇宙創世記ロボットの旅』吉上昭三／村手義治訳、早川書房

13　身体－環境系の行方

佐々木正人×佐倉　統

◇心理学の歴史に見る身体

佐倉　今日は「身体」、「環境」をキーワードにして佐々木正人さんからお話を聞くというのがこの対談の趣旨になります。佐々木さんは生態心理学をずっと専門にされていて、日本の心理学界でもかなり早い段階から身体知やそれに関する主題を追究なさってきました。ちょうど『知の生態学的転回』（東京大学出版会、二〇一三年）という全三巻のシリーズを監修、出版されて、その第1巻が『身体：環境とのエンカウンター』という題で、佐々木さんの編集になっています。

佐々木　一九八〇年代ぐらいから、「環境」とか「身体」は、心理学者、工学者に限らず、人間科学に興味を持つ誰もが気にするキーワードになってきたと思います。そこらへんから、大きく転換したようです。

ちょっとはじめにおさらいしますが、川喜田愛郎《よしろう》さんの『近代医学の史的基盤』（全二巻、岩波書店、一九七七年）によると、ベルリン大学で一九世紀に大きな知的革命が生じているんですね。生理学者のヨハネス・ミュラーと、その弟子のヘルマン・フォン・ヘルムホルツが、いまだったら感覚生理学研究室と呼ばれるような実験を中心としたプロジェクトを医学部につくりあげる。ここが徹底して還元主義で、機械論的だったわけです。外界を感覚受容器に変化を起こす微少な刺激に限定して、それに応じる神経の変化、これには電気的な変化とか化学的な変化とかいろいろあるわけですが、そこの連鎖が、われわれが世界を知ることの根本だとする、そういうアイデアをそのまま研究する道を開いたのです。ミュラーは、各感覚神経に特殊なエネルギーが存在するという理論で有名ですが、彼の主著『人体生理学』を見ると、感覚についての議論の後に、感覚刺激を世界の知覚に仕立てあげるものは精神だ、という記述を付加しています。原因ではあってもあまりに小さすぎて、外界の豊かさを伝えることのできない点のような刺激を精神、経験、記憶などが意味づけるのだというふうに書いていますす。つまりデカルトが確立していた心身二元論の両面、つまり身体（刺激）と精神を実験生理学、実験医学の研究室に持ち込んだわけです。

でも川喜田さんによると、じつはこのミュラーという人は、ものすごく本気の生気論者《せいきろんじゃ》だったらしいんです。で、今言ったように、ちゃんと実験をやっていながら、「神経系、さらには全ての生命を構成する物質には、物的ではない力、すなわち生命原理が宿っている」ということを言っています。生命原理というのは、物体とは異なったふるまいをし、通常の物理学や科学の法則では説明できないような仕方で活動する力です。ミュラーは機械論を認めつつ、有機体独自の生命現象の全体性を支配する「生命力」のようなものの存在も同時に認めていた人だったというわけです。

ミュラーのエネルギー概念は、結構怪しげなものだった。でも、実際にやっていた実験はきわめて精密だし、それは間違いなく二〇〇年ぐらい続いている実験心理学の源流です。後のサイコフィジックス（精神物理学）そのものなんですよ。だけども、本人は、それによって生命の根源の力みたいなものがわかるかもしれないと思っていたらしいのです。

いろいろな領域が近代科学化していく一九世紀後半までには、そういう怪しいところ、アンダーグラウンドな背景は全部忘れられて、今の心理学になっています。もちろんいま生気論とか、生命エネルギーなんて言い出したらみんな笑うと思いますけどね。

佐倉　ウェーバー＝フェヒナーの法則のグスタフ・フェヒナーも、精神物理学の元祖で機械論者みたいなイメージでしたけど、じつはそうではなくて、相当な神秘主義者だったらしいですね（岩渕輝『生命《ゼーレ》の哲学：知の巨人フェヒナーの数奇なる生涯』春秋社、二〇一四年）。

佐々木　そうそう、フェヒナーは『ツェント・アヴェスター、あるいは天空と彼岸の事物について』（一八五〇年）なんていう本を書いていますね。ネットで検索するとなかなかすごい容貌で（笑）。この人は物質と精神、これは純粋に唯心論的な精神ですが、この二つが人の中でスムースに交替すると信じていたらしい。

佐倉　だけど、そういう要素はその後の心理学には受け継がれなかった。

佐々木　そうです。心理学者はとりあえず感覚研究の部分は厳密に、つまり還元できる要因はしっかり実験して、そのあとの大部分は、いろんなところから、たとえば数学とか社会学とか文化人類学とか哲学とか、いろんなところにある「マインドの理論」を借りてきてデータにくっつけて心理学らしいお話をつくる、というふうになった。だからあまりに複雑なこともあって身体の動きなんていうのは無視されてきた。

◇オカルトとデカルトのツイスト

佐倉　さっきのヨハネス・ミュラーでもそうですけれども、根っこには、今から言えばオカルトみたいな発想が……。

佐々木　まあそうですかね。一方でデカルトがそういうところをばっさり振り捨ててピュアーな数学で分析できるところだけを「心（マインド）」だと言いだす。日常的な感覚は駄目だ、と言った。しかしその後、近代的・科学的な人間学が出てきたところで、人類が脈々と培ってきたようなアンダーグラウンドな生命観が、意外にも近代的モデルにツイストした。そのツイストのさせ方があまりにうまかったので、その枠組みが主流の心理学として残った。そういう感じです。

佐倉　だから、われわれは、彼らのうちの現在のパラダイムで使える部分だけをつまみ食いしてピックアップして使っているわけですよね。ニュートンだって錬金術にはまっていたわけですし、もとももと自然の神秘を知りたいというのがサイエンスなんだから、そこの根っこにロマンチックなものとか神秘主義的なものというのは結構同居している部分があるんだと思うんです。

これはぼくの勝手な仮説ですけれども、人間が何かを知るとか、わかったぞと思うときというのは、両方の側面があって、分析的に調べ還元主義的、機械論的にやっていくのと、全体として、おっ、そうだったのかみたいに、腑に落ちる的にわかるというところがあって、近代や現代の科学というのは、前者の還元主義的なメカニズムで調べていくほうばっかりがすごく肥大しちゃっていて、全体論的な部分というのはある意味、捨象してきたと思うんですよね。そういう部分を神秘論ではなく、科学としてどう扱っていくか、そこをもっと考えないと、科学としても非常にやせ細ってしまってうまくいかないんじゃないのかなという感覚はずっと持っているんです。月並みな言葉で言うと、全体性とか関係性みたいなものを科学の中にきちんと位置づけていく作業というのも必要なんじゃないかなと思っています。

佐々木　ぼくの好きな生態心理学者、ジェームズ・ギブソンのプリンストン大学での師匠が、エドウィン・ホルトという人で、この人は「ニューリアリスト（新実在論者）」の一人です。ホルトはハーヴァード大学でプラグマティズムのウィリアム・ジェイムズに学んで、プリンストンにできたばかりの心理学部の教授によばれて行った。ニューリアリストたちは、大陸の合理論にも、パヴロフ反射学とかその後アメリカで大きく伸びる行動主義にも反対して、独自の行動論を唱えていた。ホルトも動物の感覚と行動についておもしろいモデルをつくっている。意図を持つ動物の行動は、刺激と反応がつながる運動組織のレイヤー（層）のセットだというような説を出しています。つまり外界と行動を媒介する中枢的な機構は設けない。ちょっと前にはやって、「ルンバ」で世界中に普及した、ロドニー・ブルックスのサブサンプション・アーキテクチャ(1)みたいなモデルですよね。レイヤーを並列で仕込んだ複雑な組織であることで、身体は、環境の中に「落としどころ」を発見できるという。

たとえば水中にいる動物が光源に向かう「走光性」のような行動も単純な刺激と反応の連合と考えない。動物の頭の両側にある眼が、それぞれからだの反対側の尾ヒレと結合しているとする。左眼‐右尾ヒレ、右眼‐左尾ヒレの二つのレイヤーが身体内で交差しているとすると、光の強度分布のあるところにこの眼とヒレの複合する組織が置かれれば、自然に光の強いところに向かうわけです。眼‐ヒレのレイヤーが動きを光強度差で調整される二本のオールのようにして身体を光に向かわせるからです。ホルトはこういうモデルがあらわしているような動物の動きを「ウィッシュ（意図）」と呼んでいます。意図を、身体の中に組み込まれている感覚器官と運動系の組織の集合で考える。これは感覚刺激と反応が、玉突きみたいに連鎖していく行動主義の見方とは、まったく異なる説明になっている。

川の水が自然に低いところに流れて行くように、地面に置かれたボールが重力に従うように、求める意味のあるところに身体はちゃんと落ち込む。晩年の『根本的経験論』のウィリアム・ジェイムズを慕って、こんな感じで身体と環境の出会いに意図を埋め込む新しい心理学を構想していたニューリアリストと呼ばれたグループがあったんです。でも、全滅。

佐倉　全滅！

佐々木　そう。全滅。というかもうすっかり忘れられていました、最近まで。彼らについてアメリカのある生態心理学者はこう書いています。「心理学の歴史の中で、経験の対象がわれわれの経験の外部にあるとする直接実在論が、知りうるのは観念だけであり、それは経験的世界からは切り離されているとする立場や、すべてのものは精神か物質のいずれかに属するとする二元論に反対した短い歴史があった。それがニューリアリズムだった」と。つまり、経験の対象と動物身体とのふるまいを一緒に考えようとしたムーブメントは、まるで地震の揺れのように短命だった。だからジェームズ・ギブソンのエコロジカル・アプローチはこの運動の「半世紀後の余震」なのだ、というわけです。

佐倉　なるほど。その短い地震みたいな揺れは一九一〇年、二〇年代に起こったと思うんですけども、ヨーロッパでいうと、コンラート・ローレンツとかニコ・ティンバーゲンの動物行動学が一九三〇年代から盛んになってきて、それと似ているなと思うんですよ、動物の行動に関する捉え方が。ティンバーゲンはわりと機械論的な因果連鎖を想定していたみたいですけど、ローレンツはもっと全体論的です。システム的なサイバネティックスみたいな考え方で、単純な刺激の因果の連鎖でいくんじゃなく、それが何層にもなっていて、その層の間でフィードバックが働きながら進んでいく。根っこは機械論なんだけれども、システムとして見るという見方はやっぱり非常に重要で、ローレンツやティンバーゲンはそういうことをずっと言っていて、かなり共通点があるように思うんです。その共通点を調べてみるというのは、科学史的におもしろいテーマだなと今のお話を聞いていて思いました。ローレンツは、われわれがやってきたのは、常に二正面作戦が必要だったということを言っていて、一方

では、そういう観念論とか、あるいは現象論的な心理学が当時盛んだったんですが、それに対しても
う一方で、動物ってすごく単純な、パヴロフみたいな考え方で全部説明できちゃうよ、みたいな見方
に対しても反対していて、現象主義と還元論に相対して二正面作戦が必要だった、と。これはものす
ごく大変だったけれども、われわれはある程度その間で領地を持つことに成功したんじゃないかみた
いなことを何度か言っているんです。アメリカの心理学では多分そこの領地獲得がうまくいかなかっ
たんですかね。ヨーロッパでは、彼らはそれなりに苦労しながらある程度の学問領域をつくって、専
門の研究所を設立したり大学の講座も設置して、ローレンツとティンバーゲンは、ミツバチのダンス
を発見したフォン・フリッシュと合わせて三人でノーベル賞も受賞しましたからね。

佐々木　そうですよね、サイコロジーに近いところでノーベル賞を取ったのは、彼らだけですね。一九世紀初めの知覚研究ではゲシュタルト心理学もありますね。

佐倉　あれもドイツですね。

佐々木　ゲシュタルトの人たちは明らかに、さっきのミュラー／ヘルムホルツ流の還元論的な因果関係の想定、感覚刺激が知覚の原因だというのに対して闘いを挑んだわけですよね。三人のゲシュタルト心理学者たち、ヴィルトハイマー、ケーラー、コフカはユダヤ人だった。

佐倉　あ、そうなんですね。

佐々木　そうです。二カ所に置かれた光点が点滅の時間間隔を調整すると、二つの光の点滅とも、一筋の光点の移動にも見えることを示した「ファイ現象」とか、もっとわかりやすい例で言うと、向か

い合う二つの「横顔」と、その間の「杯」が、知覚的に「明滅」するように見える「ルビンの杯」のような図地の反転現象、要するにこれらは一つの刺激が一つだけの知覚をもたらすという感覚刺激と知覚の因果的恒常性を認めていたサイコフィジックスへの反証例です。ゲシュタルト心理学は反サイコフィジックスの旗をあげたわけです。だけど、残念ながら、彼らはみんなドイツを逃れて、英語圏に渡った。母語で論文を書けなくなって苦労した。

佐倉　母語でないので深い思索を言語で表現できなかったと。今のお話だと、ヨーロッパでは、それなりにゲシュタルト心理学とかエソロジー（動物行動学）みたいなものが生き残る素地、余地はあったけど、アメリカに渡ったら……。

佐々木　ヨーロッパに限ればたとえばフランスの哲学者モーリス・メルロ＝ポンティの『行動の構造』につながった。いまでもヨーロッパでは、いわゆるエンボディード（embodied）・コグニションの流れがあります。一時期はＥＵ（欧州連合）がお金を出して、イタリアなんかでエンボディードな街をつくるとか、そういう大きな実験的プロジェクトが動いていたと聞いたことがあります。日本ではユニバーサルデザインとかバリアフリーなどというかたちで「街を身体化する」ことは進んでいますけれど、ヨーロッパではエンボディードなセンス、つまり身体と切り離さないセンスで街づくりをするというところに一部の生態心理学者が関わったりしたらしい。その動向がどうなったのかは知りませんが、ヨーロッパには脈々とそういう流れがあって、サイコロジーもアメリカ主流の心理学とはちょっと違うセンスはやはりあるのだろうと思いますけどね。

佐倉　アメリカは、やはり行動主義が強かったですか。

佐々木　行動主義でも、半世紀前からの認知心理学でも、アメリカ心理学は固い実験主義が根強いですね。研究対象領域をまず小さめに設定して、環境と身体の複雑性はどちらも無視するというか、うんと縮減して、設定した枠内でデザインを組んで、短時間で成果を得ることができる実験をガチガチとやる、そういう感じですね。自然科学を真似したアカデミックなシステムを半世紀間の行動主義の隆盛がつくり上げたと思います。実験主義の流れはその後の認知心理学でも、臨床心理学でも、たとえば認知行動療法というような形で生き残っている。それが良いとか悪いとかいうわけではありませんが、環境の意味と身体の組織の両方とも認めて、その時間をかけたすり合わせで心理学を構想していたニューリアリズムという運動が一〇〇年前にあったなんていまは誰も知らない。

佐倉　ぼくも初めて聞きました、ニューリアリズム。

佐々木　身体 ‐ 環境システムに注目するということですが、義足についてはこの本のもとになった研究会でもテーマになっていましたね。この本でも別にくわしく論じられるとのことですが（本書04、05参照）、以前、ぼくも義肢装具士の井ノ瀬秀行さんという方のお話をうかがったことがあります（『知覚はおわらない：アフォーダンスへの招待』青土社、二〇〇〇年）。たとえば主婦の義足が結構大変だそうです。家事の動きってすごく多様ですよね。けっこう重い子どもを抱いて急にからだを回したり、追い掛け回したり、階段を駆け上ったり降りたり。だから主婦の方の義足はすぐ壊れるっておっしゃっていました。義足という人工物を環境の中に入れ込むのですが、それはもう、体重とか身長とかからだの柔らかさなど、身体の物質的性質と、装着者の住まいの床が木のフローリングなのか、畳なのかとか、階段がどういう形状になっているとか、住居の周辺がでこぼこの山道なのか、アスファルトばかりの街なのか、その他もろもろの環境全体の中に義足を埋め込む。その全体を見通しながらフィッティングする必要がある。義足が身体－環境系にだんだん慣れていくように配慮する。

だから、人工物は身体の側に属するのか、環境の側かなどというふうには分けられない。でも、そうなると人工物固有の居場所がなくなってしまう感じもする。それでいいのかどうか、そのあたりは佐倉さんに聞きたいところです。

佐倉　リチャード・ドーキンスの「延長された表現型」という考え方を連想しました（『延長された表現型』紀伊國屋書店、一九八七年）。ドーキンスは生物の身体は遺伝子の乗り物だということを言っているんだけど、遺伝子から見たときの表現型はその個体の身体に限ったことではないと主張しています。たとえばビーバーがつくるダム。ダムがうまくできたかできないかによって遺伝子が子孫を残せる確率が変わってくるわけだから、その個体が獲物をうまく狩ることができるかできないかという個体の能力と同じだと。ビーバーがつくった人工物も、遺伝子からすれば乗り物の一種であると言うんですね。あるいはアリに寄生する寄生虫は、そのアリの神経系に作用して、高さか重力の感覚をちょっと狂わせて、普段は下のほうにいるんだけど草の上のほうに行かせる。そうすると、その草をヒツジが食べて寄生虫は次の宿主のヒツジに移ることができる。寄生虫が自分に都合の良いようにアリの行動を操作しているわけですが、これはその寄生虫の遺伝子にとってはアリの身体も表現型だとみなすことができる。普通は表現型といったら、その遺伝子を持っている個体の身体や生理、行動だけを指すわけですが、そこに限る必要はない、と。遺伝子から見たらずっとつながっている。それを「延長された表現型」と呼んでいます。

佐々木　そういえばミミズの腎機能が皮膚を超えて周囲の水を含む粘土にまで拡張しているという話を読んだことがあります（J・スコット・ターナー『生物がつくる〈体外〉構造：延長された表現型の生理学』みすず書房、二〇〇七年）。ミミズの土づくりは地球への貢献だけではなく、結果として自分の身体のサバイバルのためでもあった。しかし、寄生虫の遺伝子が宿主の身体を操作するというのは、怖いですね（笑）。

佐倉　ええ（笑）。なので、身体と環境がつながっているというのは、生態学や進化生物学の立場からすればすごくよくわかるんですけども、でも、一方で、たとえば近代建築とか近代工業製品って、そこをぱっと切断してしまっているような気はします。建物の中に住んでいる人間からしたら、建物も「延長された表現型」なんだから、中にいる人間が快適だったり幸せになるためのものであってほしいと思うんですよね。それが、あまりにもそうでない建築物が多すぎるように思います。建築家がわざと変な環境をつくってその反応を見たりとか。建築は芸術作品ではなくて生活の場なわけです。身体性の復権が唱えられているとか、ユニバーサルデザインが注目されているというのも、そういったことに対する健全な揺り戻しなのかなと思ったりします。

◇キーワードはテンセグリティ

佐々木　最近、ロボティクスとか建築とか、それから身体運動に関する研究でキーワードになっている一つに「テンセグリティ（tensegrity）」があります。ひっぱる力、張力“tense”と、それに抵抗して突っ張る力、圧縮力との「統合」、“integrity”をくっつけた造語です。二〇世紀の半ばにアメリカのバックミンスター・フラーが言い出した。もともとは引力が支配する宇宙のモデルという壮大な話でもあったのですが、フラーは張力と圧縮力で建築物を設計した。有名なのは一九六〇年代のモントリオール万博のアメリカ館ジオデシックドームです。最近でも隈研吾さんは、ジオドームを、安上がりで、周囲になじむ「小さな建築」の良いモデルだとしています（『小さな建築』岩波新書、二〇一三年）。一九七〇年代にハーヴァード大学の細胞生物学者が一個の細胞の構造にもテンセグリティ構造が見られることを発見してから、俄然からだの構造を見直す原理として脚光を浴びている。最近、マイケル・ターベイというコネチカット大学の生態心理学者が、細胞骨格（細胞の繊維状構造）と細胞膜、筋、腱、骨格の軀体構造まで、全身はテンセグリティ構造の入れ子だと主張する長い理論論文を運動学の国際誌に発表して、運動研究者は驚きました。それを読むと身体自体や身体での知覚の見方が飛躍的に変わります。

手でモノを持って振ることでその形などを知覚する。ダイナミック・タッチと呼ばれている慣性べースの触覚があります。この働きなども、モノと情報媒質としてのテンセグリティ身体のつながりに生ずる変化を情報としていると考えることで、理解が深まる。テンセグリティ構造は局所の変化を全体にすぐに拡散するので、身体内での情報のコミュニケーションもよい。力の変化を感覚する機械受容器の身体での分布の濃淡は、テンセグリティの入れ子構造に対応しているらしい。太陽系から原子まですべてテンセグリティ構造ということになるずいぶん壮大な話ですがね……。

この動向は建築以外でも、たとえばソフト・ロボティクスに関係があります。一例ですが、ハーヴァード大学のボストン病院心理学部のユージン・ゴールドフィールドは、早産児の運動発達サポート装置の開発をしているのですが、健常の赤ちゃんって、全身がまとまった意図運動をする前に、頭から足先まで全身をつなげた、ぐにゃぐにゃとした動きをする。全身がつながって左右に揺れて動いている。それはお腹の中からららしい。ジェネラル・ムーヴメント（general movement）と呼ばれる運動です。この全身の揺れは、環境に対応する動きが自己組織化して創発する培地になるといわれています。

佐倉　それが、子どものときにいろいろあるのがだんだんだんだん収斂していくわけですか。

佐々木　ええそうです。揺れが行為、たとえばリーチングになっていく。ところが、早産児は運動神経系が未発達なので、ジェネラル・ムーヴメントをうまくできない。自発するが動きが弱いので、引き続く運動発達も遅れる。そこで、ゴールドフィールドはソフトな皮膚型デバイスをつくって、それがテンセグリティ構造をもつのです。空気圧で、人工筋張力を加えて、動きの開始をサポートする装置をつくった。多すぎる動きの自由度を制限して、まとまった動きを引き出す。そういうスーツを早産児の赤ちゃんに着せる。早産児も動こうとはするけれども、動きの種がうまくふくらまない。それを引き出すようなスーツです。だから装着型ソフトロボットです。脳性まひの子どもにも適用している。神経系の発達が遅れている子どもの運動能力の獲得にこれはすごくいい人工物だということになっている。ゴールドフィールドは、このソフトなテンセグリティ構造の皮膚が持続的な張力、張力的結合で形状を安定させ、圧力に抵抗している多くの支持要素を結合することで、形状のゆがみに抗して自己安定性を実現している。このあらかじめ存在している圧によって構造の関節位置を保持し、テンセグリティ要素を最短距離時間で関係づけるのだ、と説明しています。

たとえば芋虫は、地面を押して前に進むのではなくて、腹のジャバラを前後方向へ縮小することで移動している。これもテンセグリティです。それから、舌は、機能的に分化した解剖学的構造なんかは持っていなくて、多様な方向に張り巡らされた繊維が動的アセンブリーをおこなうことできわめて多様な動きを実現している。これもテンセグリティ。細胞一個から皮膚、手足から全身、そのまわりの建築までみんなテンセグリティ（笑）。

昆虫の動きなどを真似したロボットの動きは、YouTubeにはいっぱいアップされています。変な動きをするロボットが増えているというのは、身体観が変わってきたことを示していると思います。昔のように、剛体だけでできていて、基本的には自由度が1で、制御系がどこか外部にあって、指令でもってガチガチという、チャップリンの『モダン・タイムス』のような、ああいう機械ではなくて、今、機械のイメージ、人工物のイメージが、張力－圧縮力組織が自己組織的に運動をつくり出すというふうに変わってきているみたいですね。

このような運動体が、ギブソンが視覚情報として発見した周囲の環境面のキメの流れ、いわゆるオプティカルフロー（光の流動）とか、ダイナミック・タッチの抵抗情報（慣性モーメント）などに同調すれば、かなり実際の動物に近く移動したり、まわりを全身に分布する触覚で知覚するロボットになっていく。そんな見通しだと思います。

◇丹田に気合いを入れる

佐倉　義足の場合は、人と義足の間の調和の部分を、専門家が患者さんと相談しながら、何度も何度もフィードバックして合わせていくわけですよね（本書04参照）。今のテンセグリティの話だと、どっちかというとそこの部分がかなり自律的に、自己組織化的になってくるような部分が大きいような気がするんですけれども。

佐々木　基本的には、環境-身体系に何を入れ込むかという話です。たとえば、どこかの服飾メーカーが皮膚感覚を拡張する材質でできた「テンセグリティ・パンツ」というようなものをつくればおもしろい。それをはくと歩き方が変わって、たとえば、ハッピーなパンツとか、ちょっとのんびりするパンツとか、圧縮-張力構造が違う「人工皮膚」で出歩く。そういう感じ。そうなってくるとマインドまで皮膚が決めてくる、マインドのテンションも、衣服が決めていく。

佐倉　たしかにそうだ。靴とか服とかって、環境とのインターフェースをぼくらはお金出して買っているわけですね。知り合いの大学の先生が、「佐倉さん、いつもネクタイしないけども、それで大丈夫なの?」って聞くので、「いや、こっちの方が楽なんで」と言ったら、彼は、「ぼくはネクタイをしないとどうも気合いが入らない。講義がある日は必ずネクタイをするんだ」と言っていましたけど、あれですね。

佐々木　和服の場合だと、帯。あれはすごいですよね。

佐倉　そうなんですか。

佐々木　ぼくは若いときに、一年ぐらい国立劇場で文楽の研修生をやっていたことがあるんです。義大夫語り志望でした。舞台に出る時は、帯の下にけっこう重い砂袋をぐっと入れます。それで、丹田を押して、それに抗するように下腹を突き出して、そのあたりから声を出すらしい。帯の締め具合で声の出方をコントロールする。帯がほどけないように歩くのも初めは難しいですね。左の手足、右の手足が同時に出る「ナンバ歩き」ならほどけない。江戸時代までの一枚の布をひもで身体に付着させていた時代と、ほうっておいても衣服がはだけない今とでは人の動きがかなり違うだろうと思います。ここ何十年かでも着るもののスタイルは随分変わりましたよね。だから、動きも変わっているんじゃないかと思う。最近は上着もストレッチするので楽になりましたよね。昔は肩周りが結構しんどかった。いまは繊維素材が伸びるので、あえてぴちぴちのきついズボンはいたりして、若ぶってる（笑）。

佐倉　バーナード・ルドフスキーの『みっともない人体』（鹿島出版会、一九七九年）っていう、おもしろい本がありましたよね。いかに衣服が身体を楽にしないで、制約をかけるようになっているかというのを、たくさん実例をあげて説明していました。コルセットでぎゅうぎゅう締めるとか、軍服が勲章とかをたくさんつけてすごく重くなっているとか。あの本を読んだときに、なんで衣服って、人の身体や動きをあんなに制約させるようになってきたのかって不思議だったんですけど、その時代、その文化で、テンセグリティ的なものを演出したりするような形でデザインされてきたのかもしれないですね。経験値の積み重ねとして、こういう制約を身体にかけると、こんな反発が来るというのを積み重ねてきたのかもしれない。それがどこかで一線を越えちゃうと、纏足みたいに人体に不可逆なダメージを与えることになっちゃうんでしょうけど。

佐々木　衣服も含めてそういう皮膚系、張りつき系の人工物は、これからの身体を語る際のトピックスの一つかもしれませんね。

◇ぐにゃぐにゃな機械と全身の視覚

佐々木　「機械的」という言葉の持つ意味について連想したのは、レオナルド・ダ・ヴィンチの解剖図です。というのは、あれは解剖図版の歴史上かなりユニークなものだったと養老孟司さんが書いていて（養老孟司／布施英利『解剖の時間：瞬間と永遠の描画史』哲学書房、一九八七年）、ダ・ヴィンチで初めてまさにメカニカルな筋関節系の連結が描かれたというのですね。ダ・ヴィンチは筋や腱と骨の繋がり、関節の構造にやたらと注目した。この見方が解剖図一般に受け入れられるにはかなり時間がかかったみたいです。いわば機械的リアリズムですよね。機械というのも、一つのイデオロギーというか、機械のメタ化ってすごく強烈なんじゃないでしょうか。あれはやっぱりルネサンスと関係しているんでしょうか。

佐倉　歴史的に見ると、生命体とか生物体って常に機械とのアナロジーで語られますよね。デカルトのときは時計が生命と比較されたりしていますし、今だとコンピュータとの比較みたいな話になるわけで、常にその時代、その社会のいちばん複雑で最先端の機械と生命とが共通の言葉というか枠組み、視点で語られるというのは、それは機械で生命を語っているように見えながら、じつは機械というものを生命で語っているような側面があるのかなと思うんです。「機械的」っていうと、一定の同じペースでひたすら繰り返すみたいな、非生命的な活動を「機械的」と表現するように思うけども、機械との接し方とか、その社会での位置づけって、じつは一皮むいてみるとかなりどろどろしている。生々しいんじゃないでしょうか。

佐々木　時代を映すものとしての機械。

佐倉　ええ。そういう、人間と人工物の関係というか、見方については、さっきの心理学の話もありましたけれども。

佐々木　身体についての議論では機械を超える感覚が二〇世紀前半に、どっと出てきた。ロシアのニコライ・ベルンシュタインが先駆者で。彼は、身体というのは多自由度だから、多自由度を中央で制御しようなんていうのは間違っている、「決定できない系」の制御が身体運動の問題なのだと明確に言った。だから制御はローカルな下位系間の「協調」にまかせるしかない、と。重力など外力に応答するレベル、リズムのレベル、対象志向的なレベル、それらの三種を個々に扱っていると、全部が複合する解が出てくる。ローカルな解の複合体が身体だ、ということですね。その解をベルンシュタインは“dexterity”と呼んだ（ニコライ・ベルンシュタイン『デクステリティ：巧みさとその発達』金子書房、二〇〇三年）。「巧みさ」と訳されていますけども場面やモノに対する「自在さ」のことです。

これは、スポーツやいろいろな武道をやっている人たちが感じていることだろうと思いますが、技を学んでいっても、最終的に統合されてできる身体はじつは自分ではなんともできない。それを直接扱うことはできない。ただし部分的な局面に対応する当面の技なら、なんとか把握して制御できる。技全体を構築している身体の制御のほうは、その技が実行されるまさにそこに立ち会わなければ、状況と一緒じゃなければあらわれてこない。「自覚」というのは身体の全体には及ばない。

たとえば、遠くのターゲットに向かって銃を撃つ射撃の選手を考えてみると、まずは視覚でターゲットを捕獲する。胴体も腕も手も微妙に揺れ続ける。だから銃口も相当ふらふらしているはずだけど、動作計測すると、じつは銃口の先が一番揺れていない。つまり手や銃の先端の揺れがなるべく小さくなるように、全身の揺れが協調し合っている。手の先端の動きを相殺するように、他の部分の動きがつながっている。身体全体としては、銃口の先の安定性を保つ制御が成立している。それがベルンシュタインの協調、コーディネーションです。

眼でターゲットを見るということだけは自覚して、あとは全身協調に任せる。そういうぐにゃぐにゃのところに解が生ずる。これが非剛体の多自由度系身体の制御について、ベルンシュタインが言い出したことです。この制御の定式化はベルンシュタイン問題と言われて、一九八〇年ぐらいから世界中に浸透した。大体決着がついてきて、その延長で、身体の構造の話になって、先に話しましたテンセグリティが出てきたわけです。一言で言うと、からだはぐにゃぐにゃだから環境と一体になれる、そういうメッセージです。

佐倉　バイオフィードバックってありますよね。リハビリとか、それ以外でも普通の学習をするときに、パフォーマンスをグラフとかにして、ゴールとの差を可視化して見せると学習がしやすくなる。あれが何で効果があるのか、どういうメカニズムだろうと思っていたんですけれども、今の話と関係ありそうですね。ターゲットの視覚刺激だけをフィードバックさせるとうまくいく。途中の筋肉やなにかの動きの組み合わせは、フィードバックさせなくていいわけですよね。自由度がたくさんあるときに、アウトプットの部分だけの成果を見ることによって全体をうまくフィードバックする能力が人間にはあるということですよね。

佐々木　おそらく、フィードフォワードです。記憶系がどう関わるか、過去の経験を想起して現在のシステムをどうするかという問題はたしかにある。しかし、オンラインの知覚システムというのは、いま起こりつつある変化にどう同調していくかという問題だから、重要なのは予期的な対応ですね。前兆に気づくこと。

部分の揺れというのは、慣れてくると全身との関係として感じるようになる。修練を積むとそこらあたりに慣れてくるのだと思う。たとえば弓道なんかでも、高段者の方の見えはおそらく「全身の視覚」になると思う。全身の揺れの協調が、「視覚そのもの」になったときに、いつでも的にすっと向かう矢が放てるのだろうと思います。

◇劣化は美しい

佐倉　全身の視覚ですか……。さっき、文楽のお話をされていましたよね、丹田で声を出すという。で、今はスポーツの話なんですが、スポーツと芸事というのは、全身協調という点ではよく似ていると思うんですけど、基本、同じようなものだと思っていいんですか。

佐々木　ええ、芸事、スポーツ事、日常事、全部同じ。

佐倉　全部同じ！　日常事も同じ！

佐々木　人の発達から老化まで、すべて基本は同じだと思います。同じというのは、要するに生じていることは、ある種の慣れとか使い込み、それが時には老化、劣化と言われるわけですが、すべてローカルなところへのグラウンディングです。だから老化とか劣化と言っているのは、必ずしも悪いことではないですね。慣れてくるということは老いるというか、ナイーブだったことがだんだん消えていく過程でもあるわけです。そういうプロセスは身体に限らずどこであろうと、味覚などの知覚であろうと、知識であろうと、全部そうだと思うんです。それが身体の原理だし、知覚の原理。機械の原理でもあると思うんです。機械というのも、やっぱりある程度劣化してくれなきゃ困るというか。

佐倉　劣化しないと困る、と。劣化と故障は違うわけですよね。

佐々木　そうです。故障すると動かなくなるから、劣化とは違う。うまく言えないですが、使われてなじむというか、なじみ方みたいなのが、もっとも味わい深いというか……。

佐倉　劣化というと、やっぱりネガティブなニュアンスですけどね。円熟とか熟成とかじゃ駄目なんですか。

佐々木　フィギュアスケートの浅田真央さんだって、高橋大輔くんだって、きっとからだぼろぼろですよ、体。文楽の芸なんかは、冗談抜きに、六〇歳過ぎなきゃ本物じゃないと言われます。

佐倉　ああ、何て言いましたっけ、こっちの足を満足に動かせるようになるのに一〇年かかって、片腕にもう一〇年……。

佐々木　「足遣い一〇年、左遣い一〇年」と言われて、だから主《おも》遣いまで二〇年はかかる。昔は、大夫さんなんて三～四歳で入門して、それで舞台でなんとかなるのが四〇代で、すごいな、というのが大体六〇歳くらい。昭和の名人の山城少掾《しょうじょう》ってすごい人がいましたが、今、再人気でCDが売れていますけれども、その人もやっぱり六〇歳前で高みに出た。

佐倉　人間の一生って何なんですかね。

佐々木　いや、だから、これからですよ、佐倉さん。

佐倉　(笑)。でも、今、三～四歳からそこに入って、この道七〇年みたいなのって、よほど例外的ですよね。本人の自主性に任せるのがいいんだみたいな話になって、本人が一五歳とか二〇歳で判断していたら遅い。

佐々木　佐倉さんなんかだって、きっと幼少期から勉強ばかりしていたんじゃないですか。

佐倉　本を読むのは大好きでしたけどね。

佐々木　だからもう、かなりよく劣化していると思いますよ、脳は。

佐倉　そうか、環境の中で結局その人にあったところは繰り返し使っているわけだから、誰でもどこかしらはこの道七〇年になるわけですか。同じか。

佐々木　でも、何かちょっと世の中、やっぱりそうではない話題が主流になっていて、ちょっと寂しいですけどね。

佐倉　そこのところは機械で補完はできないんですかね。昔は本当にこの道何十年みたいな人じゃないとできなかったコツみたいなものを外化することで、普通の人でもある程度到達できるみたいな仕組みはできないんですかね。

佐々木　それはヴォイスレコーダーがあり、ビデオカメラがあるから、今は随分違うと思います。だけど、まあ、そんな早くなんでもうまくなってもしょうがないという感じかな。

佐倉　世の中としては、そこは早く身につけたほうが良いっていう感じになっていますけどね。

佐々木　でも身体のことというのは、簡単に変えられないから、やっぱり下手な人は一生下手だ、という事実はあるわけですよ。下手なりに何か変わったなというのを楽しむ。杉山其日庵《そのひあん》という人が明治時代に文楽評を書いていますけど、語りの大夫一人一人が何々風、佐倉風とか佐々木風とか、「風《ふう》」として成立していると言っています。結局、芸事というのは、その人の独自の劣化の仕方――劣化というか習熟でもいいですけど、そういう経路、経路の固有の分岐、そういうものを見せればそれで芸だっていうことですよね。だから、一つのゴールというのはないと思うんです。それがあると信じられているところが厳しい現実ですよね。

佐倉　なるほどね。本来そういうものなんですね、芸というのは。以前、宮本文昭さんというオーボエ奏者のお話をうかがったことがあるんですが（宮本文昭／佐倉統「文化の測量［音楽篇］『プラトー』第〇号、二〇〇三年）、この方はドイツで一流のオーケストラでずっと首席奏者として活躍していた人です。まだ引退するにはちょっと早い年齢だったんだけど、二〇〇七年に、ドイツの名門オーケストラを辞めて日本の音楽大学の教職に専念すると引退宣言した。この引退の理由が気になっていて、何で辞めたんですかって、いろいろ根掘り葉掘り聞いたんです。そうしたら、あるとき演奏会が終わって楽屋にもどったら、聞きに来ていた地元のおばあさんに「あなた、ひょっとしてヴィンシャーマンのお弟子さんじゃないですか？」って尋ねられたからだと言うんです。ヘルムート・ヴィンシャーマンってドイツの名オーボエ奏者で、宮本さんのお師匠さんなんですね。で、そのおばあさんが、「私はヴィンシャーマンがすごく大好きで、ずっと彼の演奏は欠かさず聴いていたんだけど、あなた、ヴィンシャーマンの若いときにそっくりよ！」と言われた、と。でも、宮本さんは、そりゃヴィンシャーマンには教わったけど、師匠から独立して早何十年、自分なりの芸風を磨いて、CDもいっぱい出して、名実ともに一流という評価を得て、もう、それこそ宮本風を確立していたと信じて疑っていなかった。だけど、その一聴衆のおばあさんからしたら、ヴィンシャーマン風が残っているのは明らかだったというので、そのときはすごいショックだったらしいんです。だけど考えてみれば、それが芸を受け継ぐということなのかなと思い直して、じゃあ今度は自分の宮本風、ヴィンシャーマン的宮本風かもしれないけど、それを弟子に伝えていこう、それが自分のやるべきことだ、もうそういう歳回りになったんだ、と思い至って、後進を育てることを決意したっておっしゃっていました。

佐々木　今、文楽で、豊竹咲大夫さんという人気の義大夫語りがいるんですけど、お父さんが先代の綱大夫という名人で、先代のはCDでしか聴いていないんですけど、咲大夫さんの「そなえ」、語りの出方の低い声はお父さんにそっくりです。「ああ、いいな、いいな、いいな」と思って聞いていると、あ、咲大夫になっちゃった、みたいな感じです。そういうのを聴きに行くと、もう（笑）。だから、結構、先代の乗り移っているところ、憑依しているところは楽しいんでね、観客としては。

佐倉　文楽とか歌舞伎とかでは、先代にそっくりというのは最高の褒め言葉だって聞いたことがあるんですけど。

佐々木　でも、真似しているんじゃないと思う。

佐倉　そこはどうなんですか。オーボエの宮本さんは、お弟子さんたちに、まずは自分とそっくりに吹けるようになるまで、とにかく繰り返し繰り返し練習させるって言っていました。今はわりと、芸事でも各人の個性みたいなものを重視して、先代とは違う差分のほうを強調するところがあると思いますけども、それって小さい話なんですかね。本当は同じところのほうが大事なんでしょうか。

佐々木　ぼくが文楽の研修生をしていたときに、いまはみなさん亡くなっちゃったんですが、当時は八〇代の人がたくさんいたんですけど、楽屋だとうまく歩けないような方もいた。

佐倉　えっ。

佐々木　野沢喜左衛門という名人で、晩年は竹本越路大夫の相三味線をしていた方なんですけども、舞台に出ると、もう手が速く回らないんですよ。ちゃんと弦を押さえてはいない。でも、本当に何て言ったらいいかわからないけど、客席にいると聞こえてくるんですよ、すべての音が。そういう、うまく歩けないような状態にまでいって、舞台に立って、なおかつ深く聞かせるという人は、他にも何人も見た。そういう方々を真近で見ているから、やっぱり若い人たちは精進すると思う。それが定年のない古典芸能の強いところですよ。

佐倉　まさに劣化ですね。動かないんだもんね。

佐々木　劣化の果てに、きらりとしたテンションが出てくるというか……。この間亡くなった人形遣いの人間国宝だった吉田玉男さんも、楽屋に入るとこなんか見ると、転ばないように少しずつ少しずつ歩を運ばれていた。とても舞台に立てそうもない。ところがその日、一日中しっかりと舞台に立って演技されていた。それはもう、最後まですばらしい端正な人形でした。ほんと、不思議。だから、ぼくらもそうなりましょう（笑）。

佐倉　さっきのその、芸事から運動から日常事、さらにはぼくらの職業である学術事までずっと続いているという話は、身体と環境が続いているという話で括れるわけですか。

佐々木　機械と人間、どこが違うかというとあまり違わないじゃないかというのがあって、でも、やっぱりどうしても違うのは、自己を再生できませんよね、機械は。われわれは生殖できる存在だから。そのへんは、佐倉さんはどういうふうに考えるのかなと思って。

佐倉　それは、ジョン・フォン・ノイマンが機械は自己複製できるかという問いを一九四〇年代に立てた頃からの古くて新しい問題ですが、でも、結局は技術的な問題に帰着するような気がします。ソフトウエアならコンピュータウイルスとか自己増殖していくわけだから、もうほとんど生命体みたいなもので、いずれはハードウエアでも可能になると思いますけど。

佐々木　繰り返しになりますけど、人間と人工物の関係というのは、この五〇年ぐらいで見ていると、ほんと、変わりましたね。さっきの話のように。固くて、コントロールされていて、外にあってという感じから、柔らかくなって、こちらにひっついてきて、一緒に動く。そういう人工物になってきたなと思います。そこは本当にここ数十年の変化で、工学と心理学が密接だな、と思うんです。

佐倉　身体の中に入るかどうかって、結構ここが大きな違和感を生じさせるところではあると思うんですが、この先やっぱり皮膚の中に入ってくるんでしょうね。

佐々木　かならず入ってきますね。身体論的にはそれは必然的な結論だろうとは思います。

佐倉　劣化のポジティブな価値みたいな話というのは、技術開発をやっているメーカーの企業、エンジニアにとっては刺激的な言葉だと思うんですよ。技術にしても、今の企業の中の人材の話にしても、即戦力とかそういうことばかりが期待されて、今みたいに、劣化の果てに使えるようになるという発想って皆無ですよ。

佐々木　そうですか。でも、バイクとか自転車とか、劣化の後に輝くというか、なじんできますよね。靴や服もそうだし。だんだん年を取ってくると、昔着たものを捨てられなくなってきて、古くてしばらく着てなかったものをまた使いだす。それには独特の着心地がありますね（笑）。お年寄りたちが古いのを着ている意味がわかってきた。

佐倉　ああ。何となくわかります。ぼくのおやじなんかも、いつも同じのを着ているから、新しいのをプレゼントしても、結局着ないで、一回、二回着て、なじみのぼろぼろのを着てましたね。だけど、それって、何か新しいものは肩が凝るというか、形だけの問題じゃなくて。

佐々木　でも、その肩凝る上着もしばらく、五年ぐらい放っとくともう着やすくなる。あれが、繊維を変える空気の力ですよね。

佐倉　その劣化の価値みたいなのを、もうちょっと強調してみたいですよね。何がトリガーになるだろうと考えていたんですけど。

佐々木　自分の身体がそういう習慣をつくったということですよね、繊維に対して。

佐倉　それが革かジーパンとかなら、劣化というかなじませるイメージが湧くんですけど、それ、実際、機械で実装させようと思ったときに、どういうプロセスになるんでしょうね。

佐々木　実装というか、自然にそうなってる。エディンバラ大のアンディ・クラークが『現れる存在：脳と身体と世界の再統合』（NTT出版、二〇一二年）で挙げている例ですけど。電子工学のハードウエア上のチップ構成による論理ボックスの挙動が、回路基盤への電磁的漏れ出しにまで拡大して、劣化に埋め込まれてしまっていた。これをクラークは「猥雑な messy マインド」と呼んでいます。そんなに厳密なマシンの例でなくても、古い車の方が好きな方は結構いるし。ぼくも十何年乗っていた車がついに廃車になっちゃったんですけども、部品がないと言われて、それはちょっとショックでした。

佐倉　カメラとかも昔のものに凝る人いますよね。

佐々木　その感覚は結構普遍的じゃないでしょうか。これが陶器とかになるとまさにそうですよね。古けりゃ古いほど良くなってくる。若い人たちだってヴィンテージ好きですよね。

佐倉　骨董品か。大量生産で大量消費してもらわないと成り立たない経営システムの中では、これはネガティブにしかならないですよね。

佐々木　駒場にある日本民藝館館長でプロダクト・デザイナーの深澤直人さんにこの前話を聞いたら、今、時代は、工業の工芸化だとおっしゃっていました。工芸というのは、近代以前だけども、みんな同じものを使っていながらも、柳宗悦が言ったように、コレクションしてみて、蒐集の結果、初めて意味がわかってくる、そういう、一つ一つは何もないように見える個物だけども、全体として見るとある種の何とも言えない良さを持っている。そういうところに今の工業製品もきている。

佐倉　次々に新技術とか新商品とか出していること自体がもう。

佐々木　いや、新製品が出ること自体が悪いということはまったくない。絶対に新しくなきゃ駄目なものもあるわけです。赤ちゃんは次々生まれてきて、なおかつ常にエイジングというシステムが走っているわけで、新しさと古さの両方を味わうというのが大事なんじゃないか。本当に新しくて、これからどうしてやろうかというようなところと、本当に劣化の極致で崩れる前の輝きみたいなものと、両方あって初めてこの世界。身体と環境と考えるときにはその両方で。だから、障害を持った方のリハビリなども、そういう「ヴィンテージセンス」がないと駄目だろうなと思うんです。元に戻すわけじゃないからね。

佐倉　そこは大事ですね。元に戻すわけじゃない。

佐々木　元に戻すわけじゃ絶対なくって、やっぱりそこから始まる動き方をつくっていく。それがおもしろくなってくれば、問題は、障害というよりはむしろ獲得される新たな動きの問題になってくると思うんです。運動の問題になるとおもしろいですよなんでも。それはある意味でスポーツですから。芸事にもなっていくわけで。

佐倉　パラリンピックとか、すごいですよね。義足の座談会（本書05）でも鉄道弘済会の人たちが、「元の機能には戻らない。そこから出発点です。それをいかに受け入れてもらって」ということをおっしゃっていました。なかには、かえって義足にすると、前よりもっと速く走れるんじゃないかみたいに思う人もいるらしいんですが、そうではなくて、決して元に戻らない。ただ、量的に不足していてここまでしか戻らないという話をするんじゃなくて、まさに今おっしゃっていたように、そこでどういう新しい動きになるかが勝負じゃないですかと。

佐々木　運動の工夫というのは、これじゃ駄目だな、というところで初めてバリエーションができる。手を変え、品を変え、いろいろできるような感じになってくる。その自在さみたいなことが、おそらく劣化です。一次元的に何かが駄目になるというよりは、多面的に駄目になっているということです。だけど、駄目になるところにはでこぼこがあるから、それを知ることが環境を知ることになる。でこぼこの身体を通して環境を知るということなのかなと思う。

佐倉　もうけを追求するとか、あるいは運動のパフォーマンスを追求するというところが前面にでると、一次元的な尺度でここだけを追求して、ここに到達できないと駄目だみたいな話になっちゃいますけど。

佐々木　もちろんそれはそれですごい。でも、以前、アスリートの人たちにインタビューして、本にした仕事があります。『時速250kmのシャトルが見える』（光文社新書、二〇〇八年）というタイトルで、タイトルはバトミントンのオグシオの潮田玲子さんの言葉をいただいたのですけど。そのレベルまでいくと、それはすごい。経路分布がすごい。見ていてどこにいくのかわからない、予測を超えているという、そういうすごい楽しみはある。どこにいってもやっぱり、運動系はやっぱり奥が深いぞという、そういう感じです。

佐倉　芸事もそうなんだろうな。というわけで、これはぜひオムロンで劣化プロジェクトを実現していただきたいというのが結論になりそうです（笑）。

注

（1）世界に数百万台普及したiRobot社の掃除ロボット「ルンバ」はサブサンプション・アーキテクチャで設計されている。「壁‐伝い移動」、「段差‐方向転換」、「衝突‐移動角度のランダムな変更」などの、環境と行動がリンクした層（レイヤー）を並列させ、現場での環境との接触の中で層を競合させることで、その環境をくまなく移動する掃除活動に適応した動きが創発する。初期の昆虫型ロボットなどもこの原理で製作されていた。

14　科学技術と人間の行方

佐倉　統

本書01で暦本純一が、石ノ森章太郎の『サイボーグ００９』が好きだったと述べている。ぼくもそうだった。生身の人体を改造して、一部を機械に置き換えることで能力を増強する。そして、普通の生身の人間ではできないこと、たとえば超高速で移動したり、空を飛んだり、はるか遠くの物音を感知したり、そういったことができるようになる。それは、すべてをゼロから人工的に作り上げるロボットよりも、はるかに人間らしく、また実現可能性が高そうに思えた。ロボットに感情移入することは難しくても、サイボーグには簡単に感情移入できた。ロボットに共感できるのは、そのロボットが、たとえば鉄腕アトムのように、人間と同じような姿形をして、人間と同じような心の動きを見せて、初めて可能になる。リモコンで自由に操作される鉄人28号に感情移入することは、ほとんど不可能だ。

人間にとっては、ロボットよりサイボーグの方が「優れて」いる——その感覚は、今でも変わらない。そして、ここまで本書で見てきたようなさまざまな研究例と研究者の意見に実際に接して、やはりそのとおりなのだと確信した。

サイボーグは、人を代替するロボットより先に実現するだろう。

もう少し正確に表現すると、お掃除ロボットや３Ｄプリンターや介護支援ロボットをぼくたちが日常的に使うとき、それらの機械と人間を含めたシステムが、もはやある種のサイボーグとして機能していると言った方がいいだろう。

その意味では、ぼくたちはすでにサイボーグ化している。人間と機械は共存している。

それらの機械はまだ身体の外にある、身体の内部に機械が常置されて初めてサイボーグと言えるのだ、という批判がありうるかもしれない。たしかに、現在のところ、身体内部に機械を留置するのは、人工心臓や人工内耳など、一部の治療目的に限られている。この点については本章ではこれ以上考察しないが、直観的にのみ成立している身体の「内と外」——たとえば、胃袋の中は位相的には身体の「外」である——が、もし人体機械化の最後の砦になるのだとすれば、人間と機械の関係を考察する際に重要な論点となる問題かもしれない。

ここでは、本書の今までの各章をふまえ、人間と人工物の関係を進化論的に考察し、この関係がこれからどうなるか、この関係にどう対処すべきかを検討しよう。本書の「はじめに」で述べたが、この本では基本的に「機械」という用語を使っている。本章でも、人間と機械の関係が考察のテーマである。しかし、次節は人工物を進化生物学的に考察するものであり、この場合は機械を含む概念として「人工物」の方がふさわしい表現と思われるので、しばらくは「人工物」を使うことにする。

◇人工物と人間の関係の進化

人類は、はるか大昔から、人工物を使い、環境を人工的に改変することで進化してきた。石器を使うようになった最古の事例は、二六〇万年前のホモ・ハビリス（*Homo habilis*）である。石を割って作った礫石器が記録されている。しかし、チンパンジーやオランウータンといった現生の大型類人猿が、いずれも自然環境下で道具を使用することから(1)、おそらく古人類も、もっと前から何らかの道具使用をしていたものと思われる。

このような人工物使用は、実は人類以外にも、広く動物界に見られる現象である。人間でない動物の場合も「人工」物と表現するのは若干抵抗があるが、適切な日本語がない。英語なら“artificial”で、人間であろうと人間以外の生物であろうと、違和感なく適用できるのだけど。

人間以外の動物の人工物の例としては、ビーバーのダムやミツバチの巣、シロアリのアリ塚、クモの巣など、誰でも思いつくものですら枚挙にいとまがない。生物は周囲の環境を自分たちに都合の良いように改変し、それによってみずからのニッチを作りだしていく。そうして改変された環境が次の生物の進化に影響を与えていくこの機能をニッチ構築（niche construction）(2)という。ニッチ構築が実際に生物の進化にどの程度影響しているかはまだ十分には解明されていないが、生物は環境に受け身に反応して進化するだけでなく、能動的に環境を変えていく能力を、そもそも内在させていることは、十分留意すべき特徴である。

進化論的に人工物を考える際に重要なもうひとつの概念は、延長された表現型（extended phenotype）である(3)。これは本書13の対談でも言及したが、イギリスの進化生物学者リチャード・ドーキンスが提唱した概念で、自然選択の単位が遺伝子であるという見方をさらに強化したものだ。通常、表現型は生物個体の身体や生理、行動など、あくまでもその遺伝子を保持している個体に限定して考えられている。しかしドーキンスは、遺伝子の視点からすれば、なにも個体に限定する必要はなく、同種の他個体や異種の生物、さらには生物が作り出す人工物も表現型として考えることができると主張する。たとえば、アリに寄生する寄生虫の中には、アリの神経系に作用してアリの行動を変化させるものがある。その結果、その寄生虫は子孫をよりたくさん残すことができるようになる。これはその寄生虫の遺伝子が、自分の複製率を高めるためにやっているわけである。つまり、宿主であるアリの身体や行動も、寄生虫の遺伝子にとってみれば表現型とみなされるというわけだ。

この見方は、大筋では妥当なものとされている。ニッチ構築も、延長された表現型の考え方をさらに発展させたものと位置づけられる。

そしてぼくたち人類は、機械という強力な延長された表現型を発展させ、さらなるニッチ構築を続けてきた生きものだ。これには、脳という、遺伝子からかなりの程度独立した、強力な情報処理中枢を進化させたことの帰結である(4)。

人間のニッチ構築の状況を他の生物種と比較すると、質・量ともに、圧倒的な大きさと複雑さを示している。ニッチ構築のモデルは、生物が環境を改変し、その改変された環境がその後の生物の進化に影響を与え、そうして進化した生物が環境をさらに改変し、……という、生物→人工環境→生物→人工環境→……という自己言及的ループの無限連鎖が生物進化の過程であるというものだ。意欲的なモデルではあるものの、実は、改変された環境が生物の進化にどのような影響を与えるかは、それほど明らかになっているわけではない。しかし人類の進化の場合は、その人工的な環境改変の痕跡——つまり、道具製作や火の使用、農耕、産業革命、など——は明らかであり、それが人類の進化に大きな影響を与えてきたことも明らかである。

それに比べると、人間以外の動物の人工物使用は、ビーバーのダムであれシロアリの塚であれ、あるいは実に多様なレパートリーを誇るチンパンジーの道具使用であれ、人類の人工環境ほどの圧倒的な分量をもっているわけではない。この違いは、人工物の作り方や使い方が、文化として世代を越えて伝承されていくか否かにある。通常の生物が次の世代に伝える情報は遺伝情報だけだが、人間はそれに加えて文化情報も伝えていく（遺伝子と文化の二重伝承モデル(5)）。

つまり、比喩的な言い方をすると、道具や機械といった人工物は、すでにして《人間》という存在の一部を構成しているのだ。《人間》について考えるときに、人工物を除いた、生きものとしてのヒトだけに注目すると、その特徴を見誤る。二重伝承の片方しか見ていないことになるからだ。人間と機械の調和する社会を考えるためには、そもそもの最初から、何百万年も前から、この問題が生じていることを理解しておく必要がある。

では、その膨大な人工物空間がどのように進化してきたのか、ここまでと同じく進化論的な枠組みから考察しよう。

◇人工物の進化

機械を含む人工物の進化について、進化理論で扱えるような地ならしをしたのが、ドーキンスのミーム理論である。(6) 彼は、生物進化の情報の最小単位が遺伝子であるのになぞらえて、文化進化の情報の最小単位をミーム（meme）と名づけた。同様の概念は他にもあり、理論的なオリジナリティがドーキンスにあるわけではないが、例によって彼らしいことに名前の付け方がとても上手だったので、このような概念を指す用語としてミームが定着して今に至っている。

ミームの考え方をそのまま適用すれば、要するに機械を含む人工物もある種の生命体のように振舞う、ということになる。実はこれは、人間が直観的に今まで抱いてきた機械のイメージと合致する。「機械的」という言葉は、一方では非人間的、非生物的なイメージの代表として使われるが、他方で、機械の中にある種の生命的な性質を読み込む作業も、古来から綿々と続いてきた。機械は、常にその両面の性質を付与され、語られてきたのである。おそらくこの両面は、根っこはひとつである。生命的性質が人間の制御可能な範囲に収まっていれば、親しみやすくなじめるものとして位置づけられ、それが制御可能な範囲を超えてしまうと、魔術的あるいは超自然的な存在として機械がイメージされるようになる。それらに対しては、畏敬の念が強く前面に出てくることもあれば、むしろ恐れに近い感情が中心になることもある。

たとえば、ロマン派の詩人、ヴィクトル・ユゴーは耕耘機の力強い動きを躍動する生命として讃え、詩に詠んだ。未来派の芸術家たちは、機械的な工場群を絶賛し、未来の社会のありようをそこに投影した。一方、チャップリンが映画『モダン・タイムス』（一九三六年）で批判したのは、機械化された自動工場で働くことで人間性が剝奪される、機械文明のありかたそのものだった。

横光利一の短編小説『機械』（一九三〇年）は、文体や一人称の扱いに実験的な試みを導入した小説だが、機械に対する人間のこのような相矛盾した感情が印象的に描かれている。

だがこの私ひとりにとって明瞭なこともどこまでが現実として明瞭なことなのかどこでどうして計ることが出来るのであろう。それにも拘らず私たちの間には一切が明瞭に分っているかのごとき見えざる機械が絶えず私たちを計っていてその計ったままにまた私たちを押し進めてくれているのである。

「私」が現実だと思っていることがどこまで現実なのか、「私」が自分の意思で行なったと思っていることは、どこまでがそうだったのか――このような、現実と夢想の境目がどんどん喪失していくのがこの小説の特徴である。そして、そのように感じる背景に、機械が世界を動かしているというイメージが横たわっている。物語が進むにつれ、機械は単なるイメージではなく、実在する何ものかであるかのように描かれていく。最後には、もう主人公は機械に操られているという明確な感覚を抱いている。

私はもう私が分らなくなって来た。私はただ近づいて来る機械の鋭い先尖がじりじり私を狙っているのを感じるだけだ。誰かもう私に代って私を審いてくれ。私が何をして来たかそんなことを私に聞いたって私の知っていよう筈がないのだから。

機械が人間から独立したシステムという考え方は、技術全般を論じたケヴィン・ケリーの見方にも反映されている。エコロジーと情報技術に通じている科学技術評論家のケリーは、「テクニウム」という用語を導入して、単なる技術（テクノロジー）や工学（エンジニアリング）ではなく、独立した生命体としての技術系を考察した(7)。

また、複雑系の研究者であるW・ブライアン・アーサーは、人工物の振る舞いは、物理法則など自然の法則にしたがっていて、人々は自然なことはいいことと思っているにもかかわらず、人工システムの挙動は信頼されないと指摘している(8)。これも、人が機械などに対していだく二律背反的感覚のひとつの側面である。

機械について人間がアンビヴァレントな感情を抱き続けてきたというのは、それが人間にとっての拡張された表現型であると考えれば、当然のことと思われる。機械を生み出したのは人間の脳であるが、機械はその軛《くびき》からかなりの程度解き放たれており、人間の忠実な「しもべ」とは限らない。

人間は、機械を使うことによって、他の動物には到底なしえないような規模で環境を改変し、生息域を拡大し、進化してきた。その意味で、機械は人間の良きパートナーであり、家来である。しかし、ときに機械は人間に反乱を起こし、刃向かい、場合によっては人々が命を失うこともあった。この意味で、機械は人間の敵である。

味方であり敵でもある。人間にとっての機械のこの両義性は、機械がどのように進歩し高性能になろうと、変わることはないだろう。言い換えれば、どんなに人間に従順でひたすら便利に見える機械であっても、人間に対して牙をむくことがないとは決していえないということである。

あらゆる機械は、人間の敵になりうる。人間と機械が調和する社会を考える上で、このことは常に銘記しておくべきである。

◇人間の身体の一部としての人工物

本書に基調のひとつとして常に流れているのは、機械は人間の身体の一部であるという見方——というか、感覚——である。これはまさに、ドーキンスの《延長された表現型》に通じる感覚である。本書13で佐々木正人が繰り返し強調しているように、名匠や名人と言われる人たちが、あたかも自分の身体の一部であるかのように道具を使いこなすのは、あらゆる分野に共通の現象だ。佐々木は文楽の名人たちの事例に言及しているが、ここではピアニストのグレン・グールドの例を挙げておこう(9)。真夏でもマフラーや手袋を身に付けているという、ちょっと変わった身体感覚の持ち主だったグールドは、ピアノを弾き始めるまでに椅子の高さの調節に長々と時間をかけ、共演していた指揮者が業を煮やして嫌味を言ったというエピソードもある。それだけ、道具を身体化することにこだわっていたということでもある。

道具を使いこなすのは、学習によって脳の中にその道具を使うための神経回路が形成されるからだ。道具が、身体の一部として記憶に刻印されるのである。脳神経科学者の入來篤史の研究チームは、サルが道具の棒の使い方に習熟していくにつれて脳内過程がどう変化していくかを調べた。その結果、道具を使いこなすにつれて、その棒を記号化するニューロン活動が形成され、最後には腕や手の延長として棒が扱われるようになり、ニューロン・レベルでも文字通り道具が身体の一部になっていることが明らかになったのである(10)。

行動や主観的認識のレベルで、道具がどのように身体化されていくのか、義足を例にそのプロセスを分析したのが本書04と05である。言語になる以前の状態で身体の奥に生じる違和感を、明確に意識の上に載せ、言葉で表現していく過程が、分析されている。言葉にすることで、道具と身体の間にある溝が、少しずつ埋められていく。

このようなプロセスは、義足に限らずほとんどすべての道具について、程度の差はあれなされているはずだ。道具を「なじませる」ための作業である。義足が、なじませるのがもっとも難しそうな道具のひとつであることは明らかだが、しかしそこには、幼児がお箸の使い方を学んでいく過程と、根本的な差異はない。失われた機能を補償するのか、新たな機能を獲得するのかという違いはあるものの、人工物を身体化する過程そのものは同質のものである。

通常の能力が事故や病気によって失われたためにそれを補う（治療する）のか、通常の能力をさらに増強するのかという違いは、社会的な制度や倫理的規範を考える上では明確にすべき違いである。治療は医療行為の一環として、その使用には専門家（医師）の診断と、それにもとづく薬剤師の処方が必要である。一方の能力増強には、そのような専門家の制御は必要とされない。機械や一般の道具であっても、この両者の区別は、社会的にはきわめて重要である。

しかし、治療と能力増強とで、プロセスそのものに違いがあるわけではない。行為としてはほとんど同じなのである。それゆえ、両者の境目は常に曖昧であり（「美容整形は治療か増強か？」）、時代や文化的背景や社会的規範によって、ゆらぐ。人間の機能（はたらき）や構造（身体）を人工物で置き換える行為について、しばしば、「治療は許されるが能力増強は許されない」と言われるが、そのように単純に線引きできて判断が下せるものでないのは明らかだろう。

では、これからどうすればいいのか？　無制限に能力増強を許すことが良いのか？　最後にそれを考えていこう。

◇これからどうなる？

ここまで述べてきたように、機械は生きものだ。つまり、彼ら彼女らは、人間がどう制御しようと、何を管理しようと、独自の道を進んでいく。放っておいても進んでいく。もちろん、現実問題としてどこまで進むかは分からない。エネルギーや資源は有限だし、技術的な限界もあるかもしれない。しかし、人体改造を進める方向に、人とより密着し、能力を増強する方向に、これからの機械が進んでいくことは、ここまでの考察からも、本書に収められている各章の事例や議論からも明らかだ。

人と機械の関係が進んでいく方向に、迷いはない。

であれば、それを人為的に厳しく阻害したり、後戻りしたりすることは、原理的には不可能である。ぼくたちにできるのは、その方向性を少し修正したり、進歩に付随して生じるマイナス面を少し軽くする措置を講じたり、その程度のことだ。それだって、ずいぶんと大変だし、有益なことである。

人工物が社会に定着するかどうかは、メリットとデメリットのバランスで決まる。負の側面が大きければ、やがてその技術は消えてなくなり、メリットが大きければ定着していく。よく言及される例として、パソコンのキーボードのQWERTY配列がある。文字の出現頻度から考えると決して打ちやすい配列ではないこの仕様は、もともとはタイプライターの開発初期の技術的制約から生まれたものであるという説がある（この説は誤りである可能性が高いが、[11]論旨には影響しないので話はこのまま進める。

仮想例としてお読みいただきたい)。長いアームを動かして刻字していたため、打鍵速度が速すぎるとアームが絡まってしまうのだ。そのため、あえて打ちにくい配列にして、タイピストの打鍵速度に制限をかけたのだ。その後、円筒形のタイプホイールが使われるようになり、さらにＩＢＭの電動式タイプライターが印字ボールを導入したことで、アームが絡まる問題は完全に解消された。さらに、ワープロやパソコンではこのような制約はまったく必要がないし、英語以外の言語の場合も文字の出現頻度はことなるため、意味がない。しかし、ＱＷＥＲＴＹ配列に慣れた人たちが増え、ブラインド・タッチの訓練方法がひとたび確立してしまうと、そのシステムの中で技術や制度が再生産されていくので、変革は難しい。ＱＷＥＲＴＹ配列キーボードの打ちにくさというデメリットは、システム全体を変えるという膨大なコストを払ってまで改善するほどのものではない、と社会は判断しているのである。

このように、機械を含む人工物システムが、独立した生命系のように進化していくのだとすれば、ぼくたちにできるのは、そのメリットを少しばかり大きくする(あるいはデメリットを少しばかり小さくする)ための、ちょっとした工夫や心構えの仕方を考えることぐらいだ。発展していく機械を、抜本的に押しとどめることは、できない。

しかし、だからといって、たとえば人体改造が何もかもが許されるべきだということではない。人間は常に進歩を求める存在であり、人体改良を欲するものであるから、機械による人体改造を規制することこそ、人間の本性を損ねる行為だという意見がある(12)。ぼくは基本的にはその意見に賛成だが、しかし、社会の中には反対する人がいるというのも理解できるし、社会的な規範は尊重されるべきだと考える。その時代、その社会の技術水準や社会的条件、倫理的規範に合わせて、許容される技術というものがある。存在しうる機械というものがある。

機械は、人間個人も、社会も、大きく変える力をもっている。であれば、その変化の幅は、できるだけ小さくするような社会的規範を設けておくべきなのだ。急激な規範や理念の変化は、社会を不安定にする。不幸になる人間が続出するかも知れない。新しい規範についていけない人たちも出てくる。格差が広がる。これは良くないことなのだ。

一方で、新しい技術に習熟している人々からすれば、技術革新の進み方が遅すぎて、進歩的な人たちが苛立ちながら舌打ちをしている、それぐらいの変化がちょうどいいのだと思う。手綱はきつめに引いておくこと。馬は、どうせ前に進む。

◇おわりに

ぼくが『サイボーグ００９』が好きだったもうひとつの理由は、００９たちがチームで戦っていたからだ。ひとりひとりは特異な能力のスペシャリストだが、彼ら彼女らがチームになることで、さらに大きな力を発揮する。単独ではできないことができるようになる。胸がすくようなスーパーヒーローのひとりでの活躍より、得意技を活かしてのチーム戦の方が、好きだ。可能性が広がる。

この本も、チーム戦の産物である。スタイルの違いや不揃いは多様性のうち。ひとりではとてもではないがフォローできない多様な広がりを明らかにすることができたと思っているが、判断は読者のみなさんに委ねたい。

注

（1）Koops, K., Visalberghi, E. & van Schaik, C. P.（2014）The ecology of primate material culture. *Biology Letters*, 10(11). DOI: 10.1098/rsbl.2014.0508Published 12 November 2014.

（2）Odling-Smee, F.J., Laland K.N. & Feldman, M.W.（2003）*Niche Construction: The Neglected Process in Evolution*. Princeton University Press.［佐倉統・山下篤子・徳永幸彦訳『ニッチ構築：忘れられていた進化過程』共立出版、二〇〇七年］

（3）Dawkins, R.（1982）*The Extended Phenotype: The Long Reach of the Gene*. Oxford University Press［日高敏隆・遠藤知二・遠藤彰訳『延長された表現型：自然淘汰の単位としての遺伝子』紀伊國屋書店、一九八七年］

（4）佐倉統『現代思想としての環境問題』中公新書、一九九〇年

（5）Boyd, R. & Richerson, P.（1985）*Culture and the Evolutionary Process*. University of Chicago Press.

（6）Dawkins, R.（1976）*The Selfish Gene*. Oxford University Press.［日高敏隆・岸由二・羽田節子訳『利己的な遺伝子』紀伊國屋書店、一九八〇年］

（7）Kelly, K.（2010）*What Technology Wants*. Viking Press.［服部桂訳『テクニウム：テクノロジーはどこへ向かうのか？』みすず書房、二〇一四年］

（8）W. Brian Arthur, W. (2009) *The Nature of Technology: What It Is and How It Evolves*. Free Press.［日暮雅通訳『テクノロジーとイノベーション：進化／生成の理論』みすず書房、二〇一一年］

（9）グールドの評伝や芸術論は多いが、資料に依拠して論旨に飛躍がないのは、オットー・フリードリック『グレン・グールドの生涯』（宮澤淳一訳、青土社、二〇〇二年）、宮澤淳一『グレン・グールド論』（春秋社、二〇〇四年）など。

（10）Obayashi, S., Suhara, T., Kawabe, K., Okauchi, T., Maeda, J., Akine, Y., Onoe, H., Iriki, A. (2001) Functional brain mapping of monkey tool use. *NeuroImage*, 14(4), 853-861.

（11）以下を参照。安岡孝一・安岡素子『キーボード配列　ＱＷＥＲＴＹの謎』ＮＴＴ出版、二〇〇八年。

（12）Chan, S. (2008) Humanity 2.0? Enhancement, evolution and the possible futures of humanity. *EMBO Reports*, 9 (Suppl 1), S70-S74. DOI: 10.1038/embor.2008.105. この問題についての、もっとシニカルな立場からの考察は、Fuller, S. (2011) *Humanity 2.0: What It Means to Be Human: Past, Present and Future*. Palgrave Macmillan.

おわりに：人と機械の理想的な関係を目指して

「われわれの働きで、われわれの生活を向上し、よりよい社会をつくりましょう」。私たちオムロングループの社員は、一九五九年に定めたこの社憲を、今も毎朝の始業時に唱和し続けています。持続可能な企業とは、常に社会に役に立ち続けてこそ成り立つのであり存在価値がある。すなわち「企業は公器である」ということを日々確認して仕事に向かっているのです。

また、オムロンは、「機械にできることは機械にまかせ、人間はより創造的な分野での活動を楽しむべきである」という創業者の考え方にもとづき、これまで様々なオートメーション事業に取り組んできました。このような企業文化の中で、ヒューマンルネッサンス研究所（ＨＲＩ）は、さらに未来社会の豊かさの創造、人間らしい生き方の実現につなげるべく、人と機械の関係の未来をテーマとした基礎研究を進めています。

本書は、前述のような背景から、人と機械の理想的な関係の未来像を構想することを目的として、二〇一〇年より三年間続けてきた東京大学との共同研究の成果をまとめたものです。私たちは、世界の様々な知が集積し、また新たな知の創造が日々営まれている、東京大学の先端的な人文系、理工系、情報系、芸術系の知の力を得て、研究者の先生方と、実際の社会、産業、生活の現場感覚を共に感じながら研究会で議論を重ねてきました。大学の知と生活実感を重ね合わせ、未来社会への知を創りだそうと取り組んできたわけです。

そして、このような研究テーマの提案に、大きな関心と必要性を感じてくださり、快く主査をお引き受けいただいたのが佐倉統教授でした。佐倉教授が所属する東京大学大学院情報学環・学際情報学府は、学内のあらゆる研究領域から研究者が集い、異分野と結びつき、新たな学の環を編成するネットワーク型の知の運動体を目指して設立されています。今回の共同研究でも、科学技術社会論を専門とする佐倉教授の、学内外に広がるネットワークとコーディネーションの力を得られたことが、研究成果にたどり着く最大の要因であったことは言うまでもありません。人文社会、理工学、情報学、芸術などの領域から、先端分野の研究で活躍されている二〇名超の先生方の参加協力を得て、まさに学際的な熱心な議論を実現することができました。

また、先生方には、オムロン京都本社までご足労いただき、立石義雄名誉会長と共にオムロンの企業哲学について議論を深めていただいたほか、研究会には技術・知財本部長の参加を得て、オムロングループの技術開発の未来像を描く議論にも発展させていただくことができました。佐倉先生をはじめ、ご参加いただいた先生方には、この場を借りて改めて心より感謝いたします。

この三年間の東京大学との共同研究の場を通じて、幅広い学問領域にわたる研究者の方々との議論の機会を得られたことは、私自身も今までに無い多くの知的刺激となり、毎回の研究会の議論はとても楽しみなものでした。

思い起こすと、まさに研究会をスタートさせた第一回の研究会で、共同研究の趣旨を説明した直後に、「『機械にできることは機械にまかせ』という発想自体が間違っている」と、日本を代表する宗教学者である島薗進先生からご意見をいただいたことも強烈なインパクトでありました。もちろん、これは技術否定ではなく人間の尊厳への言及であり、「人間は『長生き』したいのではなく、『よく生きたい』のだ」という根源的な主張でありました。この後も、毎回の研究会では、人と機械の関係について、企業の内側からでは考えの及ばない視点や論点、さらには、大学における先端的な社会実験から得られた知見を得て考察を深めることができました。

技術開発のスピードは速まるばかりです。研究会をスタートした四年前と現在を較べても、情報通信技術の分野、特に人工知能の技術では、飛躍的な進歩が現実となっています。スマートフォンに組み込まれた音声による操作アプリなどは好例です。「近くにおいしいレストランは？」と問えば、人工知能がデータベースやウェブを検索して音声でスムースに持ち主の好みに合わせた回答を出してくれます。将棋の世界では、人工知能がプロ棋士を圧倒していますし、人工知能が大学入試に挑むプロジェクトも、かなりの解答能力レベルに達しつつあるようです。

一方、このような技術の高度化の中で、機械と人間の競争という問題も顕在化し始めています。機械に雇用を奪われるという危機的な状況です。しかし、冒頭でふれたオムロンの考え方「機械にできることは機械にまかせ、……」を追求する先に描ける未来像は、機械と人間の競争、機械が人間の能

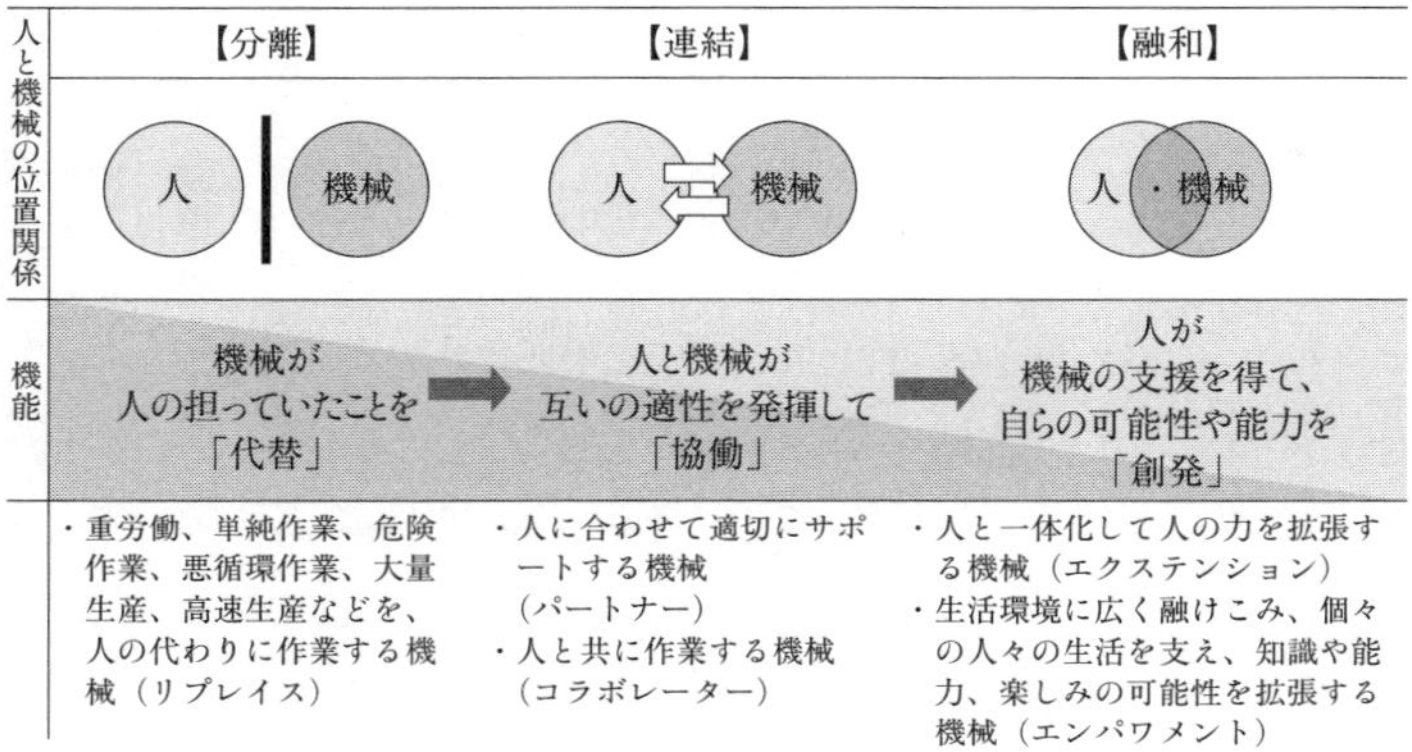

図1　人と機械の関係の進化

力を凌駕しているような未来では決してありません。機械によるオートメーションとは、どんな時代にあっても、人間の生き方をより豊かなものにするために価値を発揮することが必要なのです。

そこで、私たちは共同研究を積み重ねつつ、それらの成果をもとに、人と機械の関係の進化の方向を構想しました。その結果は、図1に示すとおりです。

この進化の変遷と未来予測について、産業用ロボットを事例として考えてみます。産業用ロボットは、一九六一年に世界で初めて米国のゼネラル・モーターズ社（GM）で導入されました。それから半世紀以上を経た現在、世界の産業用ロボット市場は一〇兆円規模に成長しています。重労働や単純作業の繰り返し、危険であったり悪環境下での作業を機械で担うことにより、人と機械を分離して、「機械」が人の担っていたことを「代替」するという関係です。六〇年代から八〇年代あたりの自動化とは、まさに「代替」によるオートメーションと言えるのです。

さらに、九〇年代からの本格的な情報化社会の到来により、情報通信技術がオートメーションを進化させました。人と機械の連結です。これにより、「人と機械」の「協働」が実現しました。産業用ロボットの分野でも、自動車工場の組立ラインに見られたように、人とロボットが隣り合って、それぞれに適した作業を担うことで協働し、作業者の生産性を格段に増大させ、負担を低減させることが可能となりました。また、このような人と機械の「協働」関係は、コンピュータ技術やインターネット技術の高度化、携帯電話などモバイル通信機器の普及により、家庭や社会インフラの中にも拡大していったわけです。

そして今、人と機械の関係は、更なる進化を遂げ始めています。それは、人と機械の「融和」です。人が、機械の支援を得て、自らの能力や可能性を拡げ「創発」を生み出す関係です。そのためには、人と機械の一体感も大事になります。共同研究の場では、暦本純一先生が「人馬一体」のイメージを提案されましたが、急速に現実化が進みつつあるウェアラブル端末やパワーアシスト技術は、まさに「融和」への兆しであり、人と機械の未来への関係性として理解することができます。

このように、人と機械の関係の進化をたどってみると三つのフェーズが明らかになりましたが、それらの関係性の中に大きな特徴を見出すこともできました。それは、それぞれのフェーズにおける「主語」の変化です。「機械が」人の仕事を代替する次には、「人と機械が」協働し、さらに「人が」創発を生むというものであり、「機械」から「人間」への主体の変化なのです。人と機械の関係の進化は、人間らしさを活かす方向への進化なのです。

今回の研究からは新たな課題も得られました。それは、更なる機械の進化から生まれる人と機械の関係です。人と機械が目標を共有し、機械が自ら状況をみて、自ら考え、自ら動くようになる進化、言わば機械の自律化です。そして、それに触発されて、人は当初は予想し得なかったような新たな発見や活動ができるようになるでしょう。そのような関係に向かうためには、私たち人間に、更なる自律化が求められるのです。

以上のとおり、私たちは本共同研究を通じて、オートメーションの未来観を構想しました。本書は、このような研究のプロセスにあった議論を含め、人と機械の関係の未来を広く社会に提案し、さらにオートメーションの未来を拡げ、深めることを目的として発刊したものです。ぜひとも、多くの読者を得て、幅広い議論を新たに生み出す「創発」につなげることができれば幸いです。

最後になりますが、この共同研究の運営にあたっては、東京大学特任研究員の網盛一郎氏をはじめ、佐倉研究室のみなさんにひとかたならぬお世話になりました。また本書の編集、刊行に関しては、東京大学出版会の木村素明氏に大変お世話になりました。ここに改めて感謝の意を表します。

二〇一四年一二月

株式会社ヒューマンルネッサンス研究所
代表取締役社長　近藤泰史

編者・執筆者紹介

佐倉　統［編者］（科学技術社会論；東京大学大学院情報学環教授）

主要著作に『「便利」は人を不幸にする』（新潮選書），『進化論という考え方』（講談社現代新書），『進化論の挑戦』（角川ソフィア文庫），『遺伝子 vs ミーム』（廣済堂ライブラリー），『現代思想としての環境問題』（中公新書）など

執筆者一覧（五十音順）所属は2014年12月時点のもの

網盛一郎（イノベーション論；東京大学大学院情報学環）

石原孝二（科学技術哲学・現象学；東京大学大学院総合文化研究科准教授）

臼井二美男（義肢装具士；鉄道弘済会義肢装具サポートセンター）

梅澤慎吾（理学療法士；鉄道弘済会義肢装具サポートセンター）

大野祐介（義肢装具士；鉄道弘済会義肢装具サポートセンター）

金井良太（脳神経科学；サセックス大学准教授）

川端裕人（作家）

佐々木正人（生態心理学；東京大学大学院教育学研究科教授）

澤田美奈子（株式会社ヒューマンルネッサンス研究所研究部）

田中浩也（設計工学；慶應義塾大学環境情報学部准教授）

中村雄祐（文化資源学；東京大学大学院人文社会系研究科教授）

八谷和彦（メディアアーティスト；東京藝術大学先端芸術表現科准教授）

森　武俊（看護工学；東京大学大学院医学系研究科特任准教授）

山田育穂（空間情報科学；中央大学理工学部教授）

山中俊治（デザイン・エンジニアリング；東京大学生産技術研究所教授）

暦本純一（コンピュータ人間学；東京大学大学院情報学環教授）

渡部麻衣子（科学技術社会論；東京大学大学院情報学環）

渡辺ゆうか（ファブラボ鎌倉代表）

人と「機械」をつなぐデザイン

2015年 2月24日 初 版

[検印廃止]

編 者 佐倉《さくら》 統《おさむ》

発行所 一般財団法人 東京大学出版会

代表者 古田元夫

153-0041 東京都目黒区駒場4-5-29
http://www.utp.or.jp/
電話 03-6407-1069 Fax 03-6407-1991
振替 00160-6-59964

組 版 有限会社プログレス
印刷所 株式会社ヒライ
製本所 誠製本株式会社

ISBN 978-4-13-063359-8 Printed in Japan

青木史郎著	インダストリアルデザイン講義	A5	四六〇〇円
浅井治彦 益田文和 編	エコデザイン	菊	二六〇〇円
佐々木正人編	知の生態学的転回1 身体 環境とのエンカウンター	A5	三六〇〇円
村田純一編	知の生態学的転回2 技術 身体を取り囲む人工環境	A5	三六〇〇円
河野哲也編	知の生態学的転回3 倫理 人類のアフォーダンス	A5	三八〇〇円
坂村 健編	ユビキタスでつくる情報社会基盤	A5	二八〇〇円

ここに表示された価格は本体価格です。御購入の際には消費税が加算されますので御了承下さい。